Stefan Jäger:

Fallstudien zur Bewertung von Massenbewegungen als
geomorphologische Naturgefahr
Rheinhessen, Tully Valley (New York State),
Yosemite Valley (Kalifornien)

HEIDELBERGER GEOGRAPHISCHE ARBEITEN

Herausgeber: Dietrich Barsch, Hans Gebhardt und Peter Meusburger

Redaktion: Heinz Musall und Stephan Scherer

Heft 108

Im Selbstverlag des Geographischen Instituts der Universität Heidelberg

1997

Fallstudien zur Bewertung von Massenbewegungen als geomorphologische Naturgefahr

von

Stefan Jäger

Mit 53 Abbildungen und 26 Tabellen

(mit englischem summary)

ISBN 3-88570-108-1

Im Selbstverlag des Geographischen Instituts der Universität Heidelberg

1997

Die vorliegende Arbeit wurde von der Naturwissenschaftlich-Mathematischen Gesamtakultät der Ruprecht-Karls-Universität Heidelberg als Dissertation angenommen.

Tag der mündlichen Prüfung: 15. Februar 1996

Referent: Professor. Dr. Dietrich Barsch
Korreferent: PD Dr. Richard Dikau

ISBN 3-88570-108-1

Für meine Eltern

Vorwort

Es ist wohl die angenehmste Pflicht, am Abschluß einer lange Zeit beanspruchenden Arbeit den vielen Menschen Dank auszusprechen, ohne deren Hilfe die Fertigstellung dieser Arbeit undenkbar gewesen wäre. Mein besonderer Dank gebührt an erster Stelle meinem Doktorvater, Herrn Professor Dr. Dietrich Barsch, für die stete Unterstützung, Hilfsbereitschaft und Ermutigung während der Arbeit. Besonders herzlichen Dank möchte ich weiterhin Herrn Privatdozent Dr. Richard Dikau aussprechen, unter dessen Leitung in der Arbeitsgruppe *Computergestützte Geomorphologie* erst die vielfältigen Voraussetzungen geschaffen wurden, die für eine solche Arbeit notwendig sind. Den vielen Mitarbeitern in dieser Gruppe gebührt an nächster Stelle mein Dank. Martin Schroeder hat mit seinem unermüdlichen Einsatz und seiner fast vierundzwanzigstündigen Einsatzbereitschaft dafür gesorgt, daß jederzeit die technischen Bedingungen gegeben waren, die für eine Weiterführung der Arbeiten fast so unverzichtbar waren wie die wissenschaftlichen Diskussionen innerhalb der Gruppe. Für die tatkräftige Unterstützung bei den Digitalisierarbeiten danke ich Frau Heike Keil, Herrn Holger Gärtner und Frau Birgit Holl. Auch den zahlreichen Mitarbeitern der vielen Arbeitsgruppen des EPOCH-Programms sei herzlich gedankt.

Die große Hilfestellung auf Seiten von Herrn Professor Dr. Edmund Krauters und seinen Mitarbeitern am Geologischen Landesamt Rheinland-Pfalz hat die Fallstudie Rheinhessen ermöglicht. Dort hatte ich jederzeit Zugriff auf Archivdaten, wofür ich mich an dieser Stelle herzlich bedanken möchte.

Dem Deutschen Akademischen Austauschdienst (DAAD) danke ich ganz besonders für die Gewährung eines großzügigen Auslandsstipendiums im Rahmen des Zweiten Hochschulsonderprogramms. Dieses ermöglichte einen zehnmonatigen Forschungsaufenthalt beim US Geological Survey in Reston, Virginia, USA. Unter den dortigen Kollegen möchte ich meinen herzlichsten Dank Herrn Dr. Gerald F. Wieczorek aussprechen, der durch seine außerordentlich große Hilfsbereitschaft den Aufenthalt für mich sowohl in wissenschaftlicher als auch menschlicher Hinsicht zu einer sehr erfahrungsreichen Zeit werden ließ. Auch für die Diskussionen mit Herrn Dr. Russel Campbell, Herrn Dr. Richard Bernknopf (beide USGS Reston), Herrn Dr. Bill Kappel (USGS Ithaca, New York), Herrn Professor Dawit Negussey und Herrn Professor Ernest Muller (beide Syracuse University, New York) bin ich außerordentlich dankbar. Für die große Hilfsbereitschaft und das entgegengebrachte Interesse während der Geländearbeiten im Staat New York möchte ich mich ganz herzlich bei den Bürgermeistern der Gemeinden Tully und La Fayette, den Herren E.J. Wortley und C.D. Smith danken. Auch die stete Hilfsbereitschaft und das freundliche Entgegenkommen der ortsansässigen Bevölkerung möchte ich hier nicht unerwähnt lassen.

Der Kurt-Hiehle-Stiftung danke ich besonders für die finanzielle Unterstützung zusätzlicher Geländearbeiten in Yosemite-Valley.

Für die stete Hilfsbereitschaft bei der Fertigstellung des Manuskripts möchte ich bei meinen Freunden und Kollegen Kirsten Hennrich, Annette Kadereit, Andreas Lang, Barbara Mautz, Frauke Schilling und Lothar Schrott sowie bei Jutta König bedanken.

Ich danke den Herausgebern der Heidelberger Geographischen Arbeiten für die Veröffentlichung der Arbeit. Die Kurt-Hiehle-Stiftung gewährte dazu einen großzügigen Zuschuß. Für die Übernahme der Schriftleitung danke ich ganz besonders Herrn Gerold Olbrich, Herrn Musall sowie bei Herrn Stephan Scherer für die Betreuung der reprotechnischen und redaktionellen Arbeiten.

Heidelberg, im August 1997   Stefan Jäger

... And now the trouble was, that one of those hated and dreaded land-slides had come and slid Morgan's ranch, fences, cabins, cattle, barns and everything down on top of his ranch and exactly covered up every single vestige of his property, to a depth of about thirty-eight feet. ....

Aus Kapiel 34 in *Roughing It* von Mark Twain

INHALT

1.	EINFÜHRUNG	1
1.1	Problemstellung und Zielsetzung	1
1.2	Der Massenbewegungsprozeß und seine Typisierung	2
1.3	Erkennung von Massenbewegungen	6
1.4	Datierungsmöglichkeiten	7
1.5	Gefahrenmodelle, lokaler und regionaler Maßstab	8
2.	FORSCHUNGSSTAND	9
2.1	Räumliche Ansätze	9
2.2	Anwendbarkeit dieser Ansätze	11
2.3	Auslösefaktoren	12
2.3.1	Witterungsklimatische Auslösefaktoren	12
2.3.2	Diskussion dieser Faktoren	13
2.3.3	Auslösung von Massenbewegungen durch Erdbeben	15
2.4	Verknüpfung räumlicher und zeitlicher Ansätze	16
2.5	Zusammenfassung	16
3.	RÄUMLICHE UND ZEITLICHE VARIABILITÄT DER RUTSCHUNGSAKTIVITÄT IN RHEINHESSEN	17
3.1	Lage des Untersuchungsgebietes Rheinhessen	18
3.2	Geologische Verhältnisse	18
3.3	Quartäre Reliefentwicklung	20
3.3.1	Aufbau der Schichtstufe	20
3.3.2	Pleistozäne und aktuelle Prozeßdynamik	21
3.4	Klimatische Verhältnisse	22
3.5	Bisherige Arbeiten zu Massenbewegungen in Rheinhessen	23
3.6	Bodenmechanische Eigenschaften der tertiären Sedimente	24
3.7	GIS-gestützte Modelle zur Abschätzung der räumlichen Disposition für Rutschungen	26
3.7.1	Methodische Konzeption	27
3.7.2	Modellentwicklung	27
3.7.3	Regressionsmodelle für kategoriale Daten	28
3.7.4	Erstellung der Datengrundlage für die logistische Regression	29
3.7.4.1	Rutschungsinventarisierung und Rutschungstypen	30
3.7.4.2	Geologische Karten	32
3.7.4.3	Relief bzw. Geomorphographie	35
3.7.4.4	Auswahl der Reliefparameter für das Gefahrenmodell	36
3.7.4.4.1	Hangneigung	37
3.7.4.4.2	Vertikal- und Horizontalwölbung	40
3.7.4.4.3	Hanghöhe bzw. Hangposition	44
3.7.5	Aufbau der Datenbasis	46
3.7.6	Modellergebnisse	47
3.7.7	Umsetzung der Ergebnisse in eine Gefahrenkarte	50

3.7.8	Interpretation der Gefahrenkarte	51
3.8	Untersuchungen zur zeitlichen Verteilung der Massenbewegungen und ihr Bezug zum Klima	52
3.8.1	Ziele und methodische Konzeption	52
3.8.2	Datengrundlage	53
3.8.2.1	Hangrutschungen in historischer Zeit	53
3.8.2.2	Niederschlags- und Temperaturzeitreihen	54
3.8.3	Datenaufbereitung	57
3.8.3.1	Niederschlag	57
3.8.3.2	Temperatur	59
3.8.3.3	Berechnung der Potentiellen Evapotranspiration	60
3.8.4	Datenanalyse und Ergebnisse	61
3.8.5	Abschätzung eines Wiederkehrintervalls kritischer Wasserbilanzen	64
3.9	Zusammenfassung	67
4.	ERSTELLUNG EINER HANGRUTSCHUNGSGEFÄHRDUNGSKARTE FÜR TULLY VALLEY UND UMGEBUNG, US BUNDESSTAAT NEW YORK	69
4.1	Einführung	69
4.2	Auswahl und Lage des Untersuchungsgebietes	70
4.2.1	Auswahlbedingungen	70
4.2.2	Lage und physische Geographie	70
4.2.3	Geschichte der glazialen Seen	71
4.3	Massenbewegungen in glazialen Seesedimenten New Yorks	74
4.4	Methodischer Ansatz	74
4.5	Basisdaten - Modellfaktoren	75
4.5.1	Inventarisierung der Massenbewegungen	75
4.5.2	Digitales Höhenmodell	78
4.5.2.1	Hangneigung	79
4.5.2.2	Seeniveaus	80
4.5.3	Böden	82
4.6	Ergebnisse	83
4.7	Zusammenfassung	87
5.	MODELLIERUNG DER HOLOZÄNEN SCHUTTPRODUKTION IM YOSEMITE NATIONALPARK, SIERRA NEVADA, KALIFORNIEN	89
5.1	Einleitung und Zielsetzung	89
5.2	Lage und physisch-geographische Beschreibung des Untersuchungsgebietes	89
5.2.1	Tektonische und geologische Entwicklung	89
5.2.2	Quartäre Reliefentwicklung	91
5.2.3	Holozäne und historische Massenbewegungen - Auslösefaktoren und Häufigkeiten	92
5.3	Modellierung der holozänen und historische Schuttvolumina	96

5.3.1	Datengrundlage	96
5.3.1.1	Das Höhenmodell der Festgesteinsgrenze	97
5.3.1.2	Das Höhenmodell des Talbodenniveaus	99
5.3.2	Ergebnisse	100
5.3.2.1	Schuttmächtigkeiten und -volumina	100
5.3.2.2	Fehlerabschätzung	103
5.3.2.3	Vergleich holozäner und historischer Schuttproduktionsraten	104
5.3.2.4	Abschätzung der Wandrückverwitterung	105
5.3.3	Interpretation	106
5.4	Gefahrenbewertung	107
5.4.1	Modellauswahl	108
5.4.2	Modellparameter	109
5.4.3	Erhebung der Daten	109
5.4.4	Modellergebnisse	110
5.4.5	Bewertung der Ergebnisse	111
5.5	Zusammenfassung	112
6.	Zusammenfassung und Ausblick	114
7.	Literatur- und Quellenverzeichnis	118
8.	Summary	131
9.	Anhang	133
A	Erfassungsboden des Geologischen Landesamtes zur Aufnahme der der Rutschungsereignisse der Jahreswende 1981/82	133
B	Kontingenztabelle für kategoriale Datenanalyse Rheinhessen	135
C	Listing des r.infer-Eingabefiles für die Gefahrenkarte Rheinhessen	140
D	Kontingenztabelle für kategoriale Datenanalyse Tully Valley	141
E	Unix shell script zur Berechnung geneigter Flächen als Höhenmodell für GRASS	142
F	awk-script zur Konvertierung von GRASS-Raster-Layern in EarthVision ascii Format	145
G	awk-script zur Konvertierung von EarthVision-ascii Dateien ins GRASS-Ascii Format	146
H	Datenreihe der synthetischen Station für die Ableitung des Landslide-Index LI	147
I	Unix shell script zur Erzeugung von Eingabedateien für das Colorado Rockfall Simulation Program	148
J	Ausgabe des Colorado Rockfall Simulation Program	150
K	Abbildungen Nr. 19, 20 und 38	

ABBILDUNGEN

Abb. 1: Zusammenhang zwischen langfristigen und kurzfristigen Änderungen geotechnischer Parameter bei der Auslösung von Rutschungen. 3
Abb. 2: Prinzip der GIS-gestützten Überlagerung zur Bewertung geomorphologischer Naturgefahren. 10
Abb. 3: Räumliche und zeitliche Komponenten einer Gefahrenabschätzung. 17
Abb. 4: Lage des Untersuchungsgebietes Rheinhessen. 18
Abb. 5: Schichtenfolge des Tertiärs im Mainzer Becken. 19
Abb. 6: Karte der Niederschlagshöhen und -verteilung in und um Rheinhessen. 23
Abb. 7: Diagramm nach Casagrande für die Meßwerte der Rutschung am Jakobsberg bei Ockenheim. 25
Abb. 8: Aktivitätszahlen der tertiären Tone an der Rutschung am Jakobsberg. 26
Abb. 9: Digitalisiertes Rutschungsinventar (Ausschnitt). 30
Abb. 10: D/L-Verhältnis der Rutschungen des 1981/82er Ereignisses und die Verteilung der maximalen Tiefe der Gleitfläche. 31
Abb. 11: Vorhandene und digitalisierte Geologische Karten im Maßstab 1:25.000. 33
Abb. 12: Geomorphometrische Parameter des Digitalen Geomorphographischen Reliefmodells Heidelberg. 36
Abb. 13: Verteilung der Hangneigungsstufen in Rutschungen aus der Rutschungsdatenbank des GLA Rhld.-Pf. 38
Abb. 14: Hangneigungsverteilung der 20 m und 40 m DHMs (alle Gitterpunkte). 39
Abb. 15: Hangneigungsverteilung der DHMs innerhalb der Rutschareale. 40
Abb. 16: Aus vertikaler und horizontaler Wölbungstendenz gebildete Formelemente. 42
Abb. 17: Verteilung der aus dem DGRM berechneten Vertikalwölbungsradien für das 20 m und 40 m Gitter. 43
Abb. 18: Verteilung der aus dem DGRM berechneten Horizontalwölbungsradien für das 20 m und 40 m Gitter. 44
Abb. 19: Ausschnitt aus der Karte der Hangposition. .... im Anhang
Abb. 20: Nach dem Modell 6 erstellte Gefahrenkarte. .... Im Anhang
Abb. 21: Ausschnitt aus der digitalisierten Rutschhöffigkeitskarte. 53
Abb. 22: Verfügbare Niederschlagszeitreihen für die Region Rheinhessen. 56
Abb. 23: Verfügbare Temperaturreihen für die Region Rheinhessen. 57
Abb. 24: Quotienten der Niederschlagszeitreihen in Prozent. 58
Abb. 25: Differenzen der verwendeten Temperaturreihen in Prozent. 59
Abb. 26: Aus den Zeitreihen der synthetischen Station berechnete Jahres- und Halbjahressummen der PET. 61

Abb. 27:	Jährliche Verteilung von Niederschlag, PET und effektivem Niederschlag.	62
Abb. 28:	Kumulative Abweichung vom mittleren effektiven Niederschlag.	63
Abb. 29:	Verlauf des Klimatischen Index *LI*.	65
Abb. 30:	Wiederkehrintervalle (T) des klimatischen Index *LI*.	66
Abb. 31:	Wahrscheinlichkeitsplot für den Index *LI*.	67
Abb. 32:	Hangrutschung am Fuße von Bare Mountain.	69
Abb. 33:	Abgrenzung des Untersuchungsgebietes um Tully Valley.	71
Abb. 34:	Großräumige Lage des Untersuchungsgebietes.	72
Abb. 35:	Profil an der seitlichen Abrißzone des Tully Valley Mudslides.	73
Abb. 36:	Rutschungen in Rattlesnake Gulf.	77
Abb. 37:	Inventarkarte (Ausschnitt).	79
Abb. 38:	Theoretische Strandlinien der drei Seeniveaus, dargestellt auf einer automatisch geschummerten Reliefdarstellung.	im Anhang
Abb. 39:	Ausschnitt aus der Hangrutschungsgefährdungskarte für Tully Valley und Umgebung.	84
Abb. 40:	Übersichtskarte zur Lage des Untersuchungsgebietes	90
Abb. 41:	Untersuchungsgebiet Yosemite Valley.	91
Abb. 42:	Ausdehnung der Tahoe- und Tioga-Vereisungsphasen für den Bereich des Yosemitetals.	92
Abb. 43:	Schutthalde unter der Wand von *Middle Brother*.	93
Abb. 44:	Prähistorischer Felssturz unterhalb Washington Column.	94
Abb. 45:	Auslösefaktoren für historische Massenbewegungen in Yosemite Valley.	95
Abb. 46:	Mögliche Konstellationen der Grenzflächen, die das Volumen des Hangschutts definieren.	97
Abb. 47:	Höhenlinien der Festgesteinsgrenze, interpoliert aus refraktionsseismischen Messungen.	98
Abb. 48:	Automatisch geschummerte Reliefdarstellung der Festgesteinsgrenze.	99
Abb. 49:	Karte der modellierten Mächtigkeiten von Schutthängen und Murkegeln.	101
Abb. 50:	Schnitte zur Darstellung der Schutt- und Talfüllungsmächtigkeiten an ausgewählten Stellen von Yosemite-Valley.	102
Abb. 51:	Darstellung zur Berechnung des möglichen Fehlers bei der Ableitung der Schuttvolumina.	104
Abb. 52:	Jährliche Verteilung von Niederschlag, Temperatur und Massenbewegungen in Yosemite Valley.	107
Abb. 53:	Wahrscheinlichkeit der Reichweite von Gesteinsfragmenten basierend auf der Modellsimulation.	111

TABELLEN

Tab. 1: Klassifikationssysteme und -kriterien 4
Tab. 2: Definitionen für die zeitliche Einordnung des Alters und der Aktivität von Massenbewegungen 5
Tab. 3: Klassifikationssystem nach Varnes 6
Tab. 4: Zusammenschau der Legendenbezeichnungen in den vorliegenden Geologischen Karten Rheinhessens 34
Tab. 5: Gruppierung der geologischen Einheiten zu Klassen ähnlichen bodenmechanischen Verhaltens 35
Tab. 6: Hangneigungsklassen und dazugehörige failure-rate-Werte, die für das logistische Regressionsmodell angewandt wurden 40
Tab. 7: Failur-Rate Werte der Wölbungstendenz für verschiedene Gitterauflösungen 45
Tab. 8: Failure-Rate Analyse der Hangposition 46
Tab. 9: Verwendete Datenquellen für die Berechnung der Gefahrenmodelle 46
Tab. 10: Auflistung der berechneten Modelle zur Ableitung eines räumlichen Gefahrenmodells (40-m-Modell) 47
Tab. 11: Auflistung der berechneten Modelle zur Ableitung eines räumlichen Gefahrenmodells (20-m-Modell) 48
Tab. 12: Berechnete Regressionsparameter für Modell Nr. 6 49
Tab. 13: Einstufung der berechneten Wahrscheinlichkeiten in Gefahrenstufen, sortiert nach der Auftrittswahrscheinlichkeit 50
Tab. 14: Datensätze aus der Datenbank LDB-I, welche zur Analyse der Zeitreihen herangezogen werden konnten 55
Tab. 15: Korrelationskoeffizienten für den Zusammenhang der Monatssummen 58
Tab. 16: Korrelationskoeffizienten für den Zusammenhang der Monatsmittel 59
Tab. 17: Flächenmäßige und prozentuale Verteilung der kartierten Massenbewegungen, nach Typ und Altersklassen 78
Tab. 18: Failure-Rate-Werte für 5°-Hangneigungsstufen 80
Tab. 19: Koordinaten und Höhenangaben zur Berechnung der Seeniveau-DHMs 81
Tab. 20: Verkürzte Profilbeschreibungen der digital erfaßten Bodenserien 82
Tab. 21: Übersicht über die verwendeten Datenquellen 83
Tab. 22: Getestete Faktorenkombinationen für die Fallstudie Tully Valley 83
Tab. 23: Berechnete Regressionsparameter für Modell Nr. 1 85
Tab. 24: Einstufung der berechneten Wahrscheinlichkeiten in Gefahrenstufen 86
Tab. 25: Berechnete Mächtigkeiten und Volumina des Hangschutts und der Schuttkegel 103
Tab. 26: Ergebnisse der Fehlerabschätzung 104

1 EINFÜHRUNG

1.1 Problemstellung und Zielsetzung

Naturgefahren durch geomorphologische Prozesse sind in den letzten Jahren immer mehr in das Licht einer breiten Öffentlichkeit gerückt. Massenbewegungen spielen hier neben Erdbeben, Vulkanausbrüchen und Hochwasserkatastrophen eine wichtige Rolle. Nicht selten sind diese Prozesse miteinander gekoppelt. So zählen Erdbeben weltweit zu den wichtigsten Auslösefaktoren für Massenbewegungen, durch Vulkanausbrüche verursachte Lahare gehören zu den verheerendsten Massenbewegungserscheinungen und durch extreme Niederschlagsereignisse ausgelöste Rutschungen und Muren werden nicht selten von Hochwasserkatastrophen begleitet. Von BRABB (1991) wird geschätzt, daß jedes Jahr Tausende von Menschen durch Massenbewegungen ihr Leben verlieren und Sachschäden in der Höhe einiger Zigmilliarden Dollar entstehen. Schon Albert HEIM (1932) hat auf die Wichtigkeit und Möglichkeit des Erkennens derartiger Naturkatastrophen hingewiesen. Die Vereinten Nationen haben für die neunziger Jahre mit der Einrichtung der Internationalen Dekade der Katastrophenvorbeugung (*International Decade for Natural Disaster Reduction,* IDNDR, vgl. PLATE 1993) auf die Herausforderungen reagiert, die durch diese Prozesse hervorgerufen werden. In unzähligen Projekten werden weltweit die Ursachen und Zusammenhänge dieser Naturphänomene untersucht und auch Möglichkeiten der Schadensbegrenzung erforscht (WOLD & JOCHIM 1989). Auch im Hinblick auf die Diskussion um die Auswirkungen einer potentiellen Klimaänderung gewinnt die Massenbewegungsforschung mehr und mehr an Bedeutung. Das *25. Binghampton Symposium on Geomorphology* (MORISAWA 1994) war speziell dem Thema der geomorphologischen Naturgefahren gewidmet.

Auch die vorliegende Arbeit versucht im Rahmen dieser Problematiken einen Beitrag zu leisten. Anhand von drei Fallstudien werden überwiegend computergestützte Verfahrensweisen vorgestellt und diskutiert, die zur quantitativen Abschätzung der räumlichen Verbreitung geomorphologischer Naturgefahren beitragen. Der Begriff der Gefahr bzw. Gefährdung wird in dieser Arbeit im Sinne eines Vorschlags von VARNES et al. (1984) verwendet. Er versteht unter Gefahr (hier dem englischen Begriff *hazard* gleichgestellt) die Wahrscheinlichkeit des Auftretens eines schadenverursachenden Prozesses innerhalb einer bestimmten Zeitperiode und in einem bestimmten Gebiet. Diese Definition hat auch Eingang in die Arbeit der für Hilfsprogramme zuständigen Organisation der Vereinten Nationen gefunden (UNDRO 1991).

Verfahrenstechnisch gesehen steht in der vorliegenden Arbeit die Anwendung Geographischer Informationssysteme (GIS) zur Erfassung der räumlichen Auftrittswahrscheinlichkeit von Massenbewegungen im Mittelpunkt. Es sollen ihre Möglichkeiten aufgezeigt werden, aber auch ihre Grenzen und Problematiken werden erörtert. In der Fallstudie für den rheinhessischen Raum wird weiterhin der zeitliche Aspekt des Naturgefahrenproblems analysiert und diskutiert. Die Arbeiten in Rheinhessen sind eine Fortführung der in DIKAU (1990b), PÜSCHEL (1991) und KEIL (1994) begonnenen Auseinandersetzung mit der Problematik der Massenbewegungen in diesem Arbeitsgebiet. In diesen Forschungen sind zahlreiche Untersuchungen über den Einsatz von GIS für Teilbereiche Rheinhessens enthalten. Sie wurden im Rahmen des DFG-Schwerpunktprogrammes *Digitale Geowissenschaftliche Kartenwerke* (DIKAU 1992) und des *European Programme on Climatology and Natural Hazards* (EPOCH) durchgeführt (JÄGER & DIKAU 1994). Die Arbeiten in den USA sind im Rahmen eines Stipendienaufenthaltes beim US Geological Survey durchgeführt worden. Die folgenden Unterkapitel geben einen Überblick über verschiedene Teilaspekte des Phänomens Massenbewegungen.

1.2 Massenbewegungsprozesse und ihre Typisierung

Der wesentliche Unterschied des Massenbewegungsprozesses zu erosiven Prozessen liegt darin, daß kein Transportmedium vorhanden sein muß. Es handelt sich um gravitative Prozesse, d.h. die Schwerkraft ist letztlich der Auslöser einer Massenbewegung. Sie tritt dann auf, wenn die den Hang aufbauenden Substrate bzw. Gesteine nicht mehr in der Lage sind, der Schwerkraft bzw. der angreifenden Scherspannung zu widerstehen (COOK & DOORNKAMP 1990, S. 113). Daraus läßt sich die Beziehung für den sogenannten Sicherheitsfaktor (F_s) ableiten (Gl. 1):

$$F_s = \frac{Scherfestigkeit}{Scherspannung} \quad (\text{Gl. 1})$$

Diese Gleichung ist die Grundlage für bodenmechanische Hangstabilitätsmodelle. Da es in der vorliegenden Arbeit nicht um die bodenmechanischen Gesetze der verschiedenen Prozeßtypen geht, sei auf die einschlägige boden- und felsmechanische Fachliteratur verwiesen (z.B. TERZAGHI 1950, GUDEHUS 1981, DUNCAN 1996).

Massenbewegungen treten in vielfältigen Erscheinungsformen auf. Die Auslösung einer Massenbewegung durch die Abnahme des Scherwiderstandes kann durch interne oder externe Faktoren verursacht werden. Durch Verwitterung verändern sich die Materialeigenschaften und somit die Scherfestigkeit. Extern kann die Scherfestigkeit durch Veränderung des Porenwasserdrucks bzw. Herabsetzung der Kohäsion verringert werden, z.B. durch Niederschlag. Erdbeben können kurzfristig durch hohe Beschleunigungen die Scherspannung erhöhen. Auch anthropogen oder natürlich verursachte Auflast und/oder die Entfernung des Widerlagers am Hangfuß kann zu einem instabilen Hanggleichgewicht führen. Letzteres wird oft durch fluviale Unterschneidung oder Eingriffe des Menschen verursacht. In Abb. 1 sind diese Zusammenhänge graphisch dargestellt.

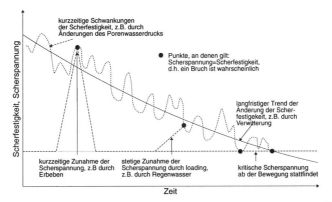

Abb. 1: Zusammenhang zwischen langfristigen und kurzfristigen Änderungen geotechnischer Parameter bei der Auslösung von Rutschungen (geändert nach FINLAYSON & STRATHAM, 1980).

Der Sicherheitsfaktor sollte dabei nur als Indikator für die Wahrscheinlichkeit einer Massenbewegung verstanden werden, d.h. Hänge mit einem Sicherheitsfaktor $F_s > 1$ haben eine größere Wahrscheinlichkeit, stabil zu sein. Die meisten naturbelassenen Hänge, an denen Massenbewegungen auftreten können, haben Sicherheitsfaktoren zwischen 1 und 1,3 (SELBY, 1982). Folglich werden Stabilitätsaussagen eher auf konservativen Schätzungen basieren. In der deutschen Norm werden für Böschungen Sicherheitsbeiwerte zwischen 1,1 und 1,4 vorgeschrieben (s. auch RICHTER 1989). Nach MEYERHOF (1969) können bei Bauvorhaben je nach Rutschungstyp und -vorgeschichte sogar Sicherheitsfaktoren bis zu fünf als Minimalwerte herangezogen. Grundlegende Stabilitätsmodelle wurden von FELLENIUS (1936), BISHOP (1955) und JANBU (1956) entwickelt.

Massenbewegungen sind ein Teil des natürlichen Prozeßgefüges einer Landschaft. Sie betreffen sowohl Landschaftsräume, die durch große Reliefunterschiede gekennzeichnet sind, wie etwa Hochgebirge oder Kliffküsten, als auch scheinbar inaktive bzw. stabile Regionen. Da wir es in der Natur immer mit fließenden Grenzen zu tun haben, läßt sich auch bei den Massenbewegungen nur schwer eine Typisierung oder Klassifikation finden, die allen Ansprüchen und Anwendungen gerecht wird. Sehr oft sind Massenbewegungen komplex ablaufende Prozesse, die sich aus mehreren Teilprozessen zusammensetzen. Eine Typisierung hilft uns jedoch, Beobachtungen in kleinere Einheiten zu zerlegen und getrennt zu verstehen. So sind in den letzten Jahren unterschiedliche Klassifikationssysteme veröffentlicht worden, insbesondere im angloamerikanischen Sprachaum (SHARPE, 1938, VARNES, 1958, 1978, SKEMPTON & HUTCHINSON, 1969, CARSON & KIRKBY, 1972, CHORLEY, SCHUMM & SUGDEN, 1985, HUTCHINSON 1988). Auch deutsche Klassifikationen haben Eingang in die Literatur gefunden (LAATSCH & GROTTENTHALER, 1972). Als

Klassifizierungskriterien werden v.a. die Mechanik bzw. der Bewegungstyp einer Massenbewegung herangezogen, d.h. es wird unterschieden zwischen *Fallen, Kippen, Gleiten* und *Fließen*. Unter Fallen werden Prozesse verstanden, bei denen sich das bewegte Material im freien Fall befindet. Beim Kippen findet eine Vorwärtsrotation um einen tief liegenden Schwerpunkt statt. Gleitprozesse sind solche, bei denen die Verlagerung an einer im Substrat befindlichen, ebenen oder kreisförmigen Gleitfläche stattfindet, während bei Fließprozessen sich das bewegte Material wie eine Flüssigkeit verhält. Letztere nehmen somit eine Zwischenstellung zwischen Massenbewegungsprozessen und Massentransport dar. Weiterhin wird das bewegte Material als Unterscheidungsmerkmal herangezogen. Es wird zwischen Festgestein, Schutt und Boden unterschieden, wobei als Boden ganz allgemein Lockersubstrate der Korngrößen bis zum Grobsand, d.h. 2 mm, bezeichnet werden. Als Kriterien kommen weiterhin die Geschwindigkeit des Prozesses und der Wassergehalt hinzu. Auch geomorphometrische Kenngrößen werden zur Unterscheidung herangezogen, wie z.B. von SKEMPTON & HUTCHINSON (1969), die das Tiefe/Länge-Verhältnis (*D/L-Ratio*) als primäres Unterscheidungskriterium für die Klassifizierung von Massenbewegungen in tonigen Materialieen verwenden. In Tab. 1 sind die genannten Klassifikationssysteme und deren Kriterien zusammenfassend aufgelistet.

Tab. 1: Klassifikationssysteme und -kriterien

Autor	Klassifikationskriterien
SHARPE 1938	Bewegungstyp, Wasser-, Eis- oder Luftgehalt, Korngrößenverteilung, Bewegungsgeschwindigkeit
VARNES 1958, 1978	Substrat, Bewegungstyp, Bewegungsgeschwindigkeit
CARSON & KIRKBY 1972	Wassergehalt, Bewegungstyp, Bewegungsgeschwindigkeit
CHORLEY, SCHUMM & SUGDEN 1985	Bewegungsrichtung, Bewegungstyp, Vorhandensein eines Transportmediums, Substrat
LAATSCH & GROTTENTHALER 1972	Bewegungsmechanik, Bewegungsgeschwindigkeit
SKEMPTON & HUTCHINSON 1969	Morphometrie, Bewegungsmechanismus
HUTCHINSON 1988	Bewegungstyp, Morphographie, Substrat, Geotechnik

Außer dem Typus einer Massenbewegung spielt jedoch auch der Aktivitätszustand und das Alter einer Rutschung im Hinblick auf eine Gefahrenabschätzung eine wichtige Rolle (MCCALPIN, 1984). Das *multilingual landslide glossary* (INTERN. GEOT. SOC. UNESCO, 1993) hat sich um eine genaue Nomenklatur für Massenbewegungen, ihre morphometrischen Merkmale und die Bezeichnungen für den Aktivitätszustand einer Rutschung bemüht. Auch im Rahmen des EPOCH-Programms wurden Definitionen für verschiedene Aktivitätszustände, -typen und -formen von Massenbewegungen vorgenommen (FLAGEOLLET 1994). Dabei wurden die in Tab. 2 aufgeführten Definitionen für die verschiedenen zeitlichen Aspekte von Massenbewegungen vereinbart. Weitere beachtenswerte Übersichtswerke sind kürzlich erschienen (DIKAU et al. 1996, TURNER & SCHUSTER 1996).

Tab. 2: Definitionen für die zeitliche Einordnung des Alters und der Aktivität von Massenbewegungen (nach FLAGEOLLET 1994).

Aktivitätszustand	Aktivitätstyp	Widerkehrintervall[*]	Aktivitätsform	Zeitraum der letzten Aktivität[**]
Inaktiv stabilisiert		sehr groß		Prä-Quartär
ruhend (temporär oder für einen bekannten Zeitraum)	singulär episodisch (unregelmäßig)	kurz, mittel, groß	zufällig	Pleistozän -alt -jung
Aktiv Erstbewegung oder Reaktivierung	intermittierend (regelmäßig) -saisonal - nicht-saisonal	sehr kurz	progressiv	Holzän - alt - prähistorisch - historisch - jung
	kontinuierlich	< 1 Tag	surge	

[*] Als Wiederkehrintervalle wurden festgelegt: sehr groß: > 1000 a, groß: 100-1000a, mittel: 10-100a, kurz: 1-10 a, sehr kurz: < 1 a

[**] Der Angabe der Zeiträume liegen etwa folgende Werte zugrunde:Prä-Quartär: > 2 Ma, Ältest-Pleistozän: 700ka - 2 Ma, Jung-Pleistozän: 10ka - 700 ka, prähistorisch: 3000 - 10000 a,althistorisch: 200 - 3,000 a, junghistorisch: 1 - 200 a, jung: < 1 a

Die Einteilung des Zeitraums der letzten Aktivität ist stark auf europäische Verhältnisse zugeschnitten. Da hier schon sehr lange schriftliche Aufzeichnungen historischer Art existieren, geht der Zeitraum für historische Massenbewegungen sehr weit zurück. In anderen Ländern kann dies jedoch durchaus unterschiedlich sein. So fängt der Zeitraum für historische Massenbewegungen in der Fallstudie Yosemite Valley (s. Kapitel 5) erst um 1850 an, da das Tal vorher nur von der indianischen Urbevölkerung bewohnt war, die keine schriftlichen Aufzeichnungen hinterlassen hat. Eine weitere Unterteilung des prähistorischen Zeitraums wäre hier also sinnlos.

Zusammenfassend läßt sich feststellen, daß beim Fehlen von Datierungen für eine zeitliche Anordnung in der Regel geomorphographische Kennzeichen herangezogen werden. Hinsichtlich der Typisierung von Massenbewegungen beziehe ich mich in der vorliegenden Arbeit auf die Gliederung von VARNES (1978) (Tab. 3). Eine ausführliche Diskussion der Klassifikationsproblematik findet sich bei HANSEN (1984).

Tab. 3 Klassifikationssystem nach VARNES (1978), mit deutschen und englischen Bezeichnungen.

Bewegungsart *type of movement*			Substrattyp *type of material*		
			Festgestein *bedrock*	Lockersubstrate *engineering soils*	
				Vorwiegend grobkörnig *predominantly coarse*	Vorwiegend feinkörnig *predominantly fine*
Stürzen/Fallen *falls*			Felssturz *rock fall*	Schuttsturz *debris fall*	Erdsturz *earth fall*
Kippen *topples*			Felskippung *rock topple*	Schuttkippung *debris topple*	Erdkippung *earth topple*
Gleiten *slides*	rotierend *rotational*	wenig Blöcke *few units*	Felsrutschung *rock slump*	Schuttrutschung *debris slump*	Erdrutschung *earth slump*
	translatorisch *translational*		Felsblockgleiten *rock block slide*	Schuttblockgleiten *debris block slide*	Erdblockgleiten *earth block slide*
		vieleBlöcke *many units*	Felsgleiten *rock slide*	Schuttgleiten *debris slide*	Erdgleiten *earth slide*
Fließen *flows*			Felskriechen, Talzuschub (tiefgründig) *rock flow (deep creep)*	Schuttfließen (Mure) *debris flow*	Erdfließen *earth flow*
Komplex *complex*			Kombination zweier oder mehrerer Hauptbewegungstypen *combination of two or more principal types of movement*		

1.3 Erkennung von Massenbewegungen

Das Erkennen von Massenbewegungen, insbesondere nicht rezenter Formen, setzt einige Erfahrung voraus. Für Vorerkundungen bietet sich in der Regel die stereoskopische Luftbildinterpretation an. RIB & LIANG (1978, S.74-75) haben für die Erkennung verschiedener Typen eine "Checkliste" veröffentlicht, die sowohl bei der Luftbildinterpretation als auch im Gelände angewendet werden kann. Zu den wichtigsten Erkennungsmerkmalen zählen:
- unebenes Gelände
- unregelmäßiges Abflußnetz

- Vernässungszonen
- Zugrisse in Straßen und Wegen
- gestörte Vegetation, z.B. gekippte Bäume, Säbelwuchs, gespannte Wurzeln
- Risse in Gebäuden

In den seltensten Fällen sind alle diese Merkmale an einer Massenbewegung zu beobachten, und nur eine gewissen Erfahrung ermöglicht das Erkennen einer Massenbewegung. Auch können diese Merkmale einzeln auf andere Prozesse zurückzuführen sein. So entsteht beispielsweise Säbelwuchs auch durch Schneedruck, Risse in Gebäuden können auch eine Folge von Setzungen sein. Je älter eine Massenbewegung ist, um so schwieriger wird es auch, diese mit Sicherheit ansprechen zu können. Unter Umständen müssen dann Bohrsondierungen oder andere geomorphologische, geotechnische oder sonstige Methoden herangezogen werden.

1.4 Datierungsmöglichkeiten

Besonders bei der Erfassung prähistorischer Massenbewegungen und deren Häufigkeit kommt geochronologischen Methoden eine zentrale Bedeutung zu. Nur durch eine gut aufgelöste zeitliche Datenreihe kann der Bezug zu Klimaschwankungen hergestellt werden, was wiederum für die Vorhersage von großer Bedeutung ist. Wichtig bei der Datierung von Massenbewegungen ist, daß das datierbare Material eindeutig dem Prozeß zugeordnet werden kann (COROMINAS et al. 1994). Unter Beachtung dieses Grundsatzes können prinzipiell alle gängigen Datierungsmethoden auch für Massenbewegungen angewandt werden. Für organisches Material, das sich etwa in durch Massenbewegungen gebildeten Mooren befindet, bietet sich v.a. die ^{14}C-Methode an. Mit modernen Methoden der Massenbeschleuniger-Spektroskopie sind dadurch theoretisch Altersbestimmungen bis zu 80000 Jahren möglich, wobei mit einer Fehlerspanne im Prozentbereich zu rechnen ist. Bei einem Alter von über 40-50000 Jahren wird die Bestimmung sehr ungenau (WAGNER 1995). Die Kalibirierung von Radiokarbonaltern ist heute bis ca. 11000 BP möglich wobei hier auf die von BECKER (1993) veröffentlichte dendrochronologische Reihe Deutschlands zurückgegriffen werden kann. Anwendungen dieser Methode finden sich beispielsweise bei STOUT (1977). Eine sehr große Bedeutung für subrezente bis rezente Prozesse kommt der Dendrochronologie zu, die sich vorwiegend für periodische Phänomene eignet (COROMINAS et al. 1994). Die Anwendungsbeispiele sind zahlreich (z.B. s. OSTERKAMP & HUPP 1987; WEISS 1988; STRUNK 1991, 1992). Je nachdem, wie weit entsprechende Eichkurven zurückreichen, kann ein Zeitraum bis zu 11000 Jahren datiert werden. Die längste Kurve liegt für Mitteleuropa vor (KROMER & BECKER 1993, BECKER 1993). Eine große Bedeutung kommt ebenfalls der Lichenometrie zu, die vorrangig bei Felsstürzen und anderen Prozessen, welche große Gesteinsbruchstücke bewegen, angewandt wird. Bei dieser Methode ist es besonders wichtig, eine verläßliche Eichkurve durch Messung zahlreicher, d.h. oft mehrere hundert, Flechten herzustellen. Es ist darauf zu achten, daß eine für das jeweilige Gebiet repräsentative Flechtenart zur Bestimmung gewählt wird. Weiterhin ist es von sehr großer Bedeutung, daß die Oberfläche, auf der die Flechten wachsen, eindeutig einem Massenbewegungsprozeß zugeordnet werden kann und nicht etwa schon vorher der Verwitterung ausgesetzt war. BULL et al. (1994) beschreiben hierzu Anwendungen in der Sierera Nevada, Kalifornien, und den Südalpen Neuseelands. INNES (1983) hat in Untersuchungen im schottischen Hochland anhand von Flechtendatierungen nachgewiesen, daß die Murtätigkeit in den letzten 500 Jahren stark zugenommen hat. Die für die Lichenometrie notwendigen Wachstumskurven hat er anhand von Grabsteinen erstellt. Die Flechtendatierungen sollten jedoch mit äußerster Vorsicht angewandt werden. Das Wachstum von Flechten wird von sehr vielen Umweltbedingungen gesteuert, von denen nicht ohne weiteres angenommen werden kann, daß sie über einen Zeitraum von mehreren hundert Jahren konstant geblieben sind.

1.5 Gefahrenmodelle, lokaler und regionaler Maßstab

Bei der Diskussion über Gefahrenmodelle treten sehr oft die Unterschiede zwischen physikalisch basierten boden- und felsmechanischen Stabilitätsmodellen sowie im weitesten Sinne als geomorphologische Modelle zu bezeichnenden Ansätzen auf. Diese lassen sich meist darauf reduzieren, daß für unterschiedliche Maßstäbe unterschiedliche Methoden herangezogen werden müssen. Boden- und felsmechanische Stabilitätsmodelle zielen in der Regel auf eine Beurteilung der Standfestigkeit eines Einzelhanges ab, während in der Geomorphologie eher die Situation einer ganzen Region von Interesse ist. Auch der betrachtete Zeitmaßstab ist unterschiedlich. Die Geomorphologie versucht traditionell eher die Bedeutung der Massenbewegungen in der holozänen Landschaftsgenese zu erklären. Die Ingenieurgeologie konzentriert sich zeitlich gesehen mehr auf kurzfristigere Probleme. Hieraus ergibt sich die Notwendigkeit unterschiedlicher Methoden. In diesem Zusammenhang zeigt sich auch ein stärkeres Bestreben, diese verschiedenen Modelltypen miteinander zu verbinden. Im nächsten Kapitel dieser Arbeit wird der Forschungsstand zu diesem Themenkomplex erörtert.

2 FORSCHUNGSSTAND

In diesem Kapitel wird zunächst der gegenwärtige Stand der Forschung im Hinblick auf die verschiedenen methodischen Ansätze zur Abschätzung der räumlichen Gefahrenpotentiale von Massenbewegungen diskutiert. Daran schließt sich eine Diskussion über den gegenwärtigen Stand des zeitlichen Problembereichs an, d.h. der Bestimmung auslösender Faktoren, wobei sich die Ausführungen überwiegend auf meteorologisch ausgelöste Prozesse beziehen.

2.1 Räumliche Ansätze

Die Bewertung der räumlichen Dimension von Naturgefahren hat in den letzten Jahren vor allem durch die Verbreitung Geographischer Informationssysteme (GIS) einen enormen Aufschwung erlebt. Zahlreiche Publikationen sind seither erschienen. Die ersten Ansätze zur Erstellung von Gefahrenkarten können mit Methoden verglichen werden, die auch bei der Konzeption der Anwendung geomorphologischer Karten angestrebt wurden (s. hierzu BARSCH et al.. 1978, STÄBLEIN 1980, MÄUSBACHER, 1985). Die einfachste Form einer räumlichen Gefahrenabschätzung kann schon durch eine Geologische Karte gegeben sein, deren Einheiten bezüglich der Hangstabilität relativ zueinander bewertet werden (VARNES 1978). Schon die Kartierung vorhandener Massenbewegungen nach ihrem Typ und relativem Alter kann eine hilfreiche Information für die Gefahrenabschätzung darstellen. In einer weiterführenden Stufe werden zusätzliche Informationen aus Karten, z.B. die Hangneigung, Vegetation oder lithologische Einheiten, in die Bewertung mit einbezogen (u.a. siehe NILSEN et al. 1979). In großmaßstäbigen Bewertungen kommt der detaillierten geomorphologischen Kartierung eine große Bedeutung zu, da schon aus der Geomorphographie und dem oberflächennahen Substrat wertvolle Informationen zur Bewertung der Standsicherheit gewonnen werden können. Beispiele hierzu finden sich u.a. bei BRUNSDEN et al. (1975) und KIENHOLZ (1977, 1978). Auch das französische ZERMOS-System (*Zones exposées à des risques liés aux mouvements du sol et du sous-sol*, s. z.B. MENEROUD & CALVINO 1976) basiert auf geomorphologischer Kartierung und einem Bewertungssystem. In Hongkong hat ein auf geomorphologischer Luftbildauswertung aufbauendes System zur Bewertung der Standsicherheit Eingang in die Planungspraxis gefunden (STYLES & HANSEN 1989). In digitale Form übertragen heißt das, verschiedene Karteninformationsschichten werden in einem GIS verschnitten und anhand einer Bewertungslegende in Gefährdungsstufen unterteilt (vgl. Abb. 2). Der Vorteil digitaler Verschneidung im Vergleich zu manuellen Methoden liegt zum einen in der Zeitersparnis, zum anderen können mit dem Computer einzelne Informationsschichten unterschiedlich gewichtet werden. Diese im Englischen als *scoring* bezeichnete Methode wurde z.B. von STEVENSON (1977) zur Erstellung einer Gefährdungskarte in Tasmanien angewendet. Eine weitere Stufe stellt die Verknüpfung statistischer Methoden mit GIS dar. Wesentliche Beiträge hierzu hat CARRARA (1983) geleistet. Auch NEULAND (1976, 1980) und SIDDLE et al. (1991) verwenden multivariate Verfahren zur

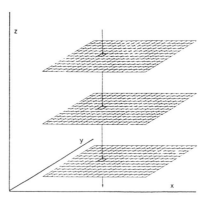

Abb. 2 Prinzip der GIS-gestützten Verschneidung zur Bewertung geomorphologischer Naturgefahren (nach BURROUGH 1986).

Identifizierung unterschiedlicher Gefährdungsstufen in den kolumbianischen Anden. Bei multivariaten Verfahren werden möglichst viele Faktoren, die a priori mit dem Massenbewegungsprozeß in Verbindung gebracht werden, mit statistischen Methoden auf ihre Signifikanz überprüft und mittels GIS in Gefährdungskarten umgesetzt.

Die Anwendung von GIS geht jedoch über das Verschneiden und Gewichten analog gewonnener Informationen hinaus. Auch die analytische Funktionalität Geographischer Informationssysteme wird genutzt. Das heißt, das GIS wird dazu benutzt, neue Informationen aus bereits vorhandenen abzuleiten, z.B. durch die automatische Ableitung von hydrologischen Einzugsgebieten aus Höhendaten. Eine zentrale Rolle spielt hierbei die Anwendung von Digitalen Höhenmodellen, die in der Regel als regelmäßige Raster vorliegen (s. JÄGER 1993). Das Digitale Höhenmodell kann dazu benutzt werden, weitere Informationen aus der Höhe abzuleiten. Dazu gehören einfache lokale Ableitungen wie z.B. die Hangneigung oder die Wölbung oder aber auch komplexere topologische Kenngrößen wie der Abstand zur Tiefenlinie. Umfangreiche Arbeiten wurden hierzu im DFG-Schwerpunktprogramm *Digitale Geowissenschaftliche Kartenwerke* (VINKEN 1988) von der Heidelberger Arbeitsgruppe durchgeführt (BARSCH & DIKAU 1989) durchgeführt. DIKAU (1992a) entwickelte eine Digitale Geomorphologischen Basiskarte, deren Kern ein Digitales Geomorphographisches Reliefmodell (DGRM) ist, das 30 reliefgeometrische Attribute berechnet. In diese Kategorie fallen auch Arbeiten von PIKE (1988) und PIKE et al. (1989), die komplexe Verfahren zur Ableitung geometrischer Kenngrößen entwickelt haben, die auf der Hypothese basieren, daß Massenbewegungen im Gelände eine charakteristische Topographie hinterlassen, die mit digitalen Bildverarbeitungsmethoden von anderem, d.h. nicht durch Massenbewegungen geprägtem Gelände, unterscheidbar ist.

2.2   Diskussion

Die Verwendung computergestützter Methoden, angefangen bei einfachen Verschneidungsprozeduren bis hin zu komplexen statistischen Verfahren hat in den letzten zwei Dekaden eine enorme Zunahme erfahren, und es kann erwartet werden, daß mit zunehmender Verfügbarkeit sowohl von GIS als auch von digitaler geologischer Information die Anzahl von Gefahrenkarten zunehmen wird. Bei einer kritischen Bewertung einer Vielzahl der Arbeiten zeigt sich jedoch auch, daß hinsichtlich des Prozeßverständnisses ein räumlicher Ansatz nur geringe Beiträge leisten kann. Es handelt sich oft um reine Black-box-Modelle, welche nicht die physikalischen Grundlagen des Prozesses modellieren. Zur Verbesserung dieser Black-box-Ansätze sollte versucht werden, die im Gelände bzw. im Labor gewonnenen geomorphologischen Befunde und Meßergebnisse in räumliche Bewertungsmodelle mit einzubeziehen (HUTCHINSON 1992). So muß bei aller Euphorie über digitale Techniken erwähnt werden, daß die damit abgeleiteten Modelle immer nur so gut sein können wie das geologische, geomorphologische und geotechnische Wissen, welches als Grundlage dient. Es muß jedoch auch betont werden, daß im regionalen Planungsmaßstab derzeit keine physikalisch basierten Hangstabilitätsmodelle zur Verfügung stehen. Die dazu notwendige Regionalisierung bodenmechanischer Parameter stellt derzeit ein noch ungelöstes Problem dar.

Wie erwähnt, stellt die Einbindung physikalisch orientierter Modelle in GIS derzeit ein großes Problem dar. Der Grund liegt darin, daß diese in der Regel eine hohe Anzahl an Parametern erfordern. Zudem ist die räumliche Variablität der eingehenden boden- und felsmechanischen Parameter oft sehr hoch. LUMB (1966) hat derartige Untersuchungen an marinen und fluvialen Tonen sowie an Verwitterungssubtraten in Hongkong durchgeführt und konnte zeigen, daß die Werte einer Normalverteilung oder einer Log-Normalverteilung folgen. Es gibt Bestrebungen, diese Variabilität mit probabilistischen Methoden zu modellieren, d.h sie in physikalisch orientierte Modelle als Zufallsvariable zu integrieren (VANMARCKE 1977). Dabei ist es wichtig, die Verteilung an möglichst vielen Proben zu bestimmen und nicht möglichst viele Tests an einer Probe vorzunehmen, da diese dann statistisch nicht mehr unabhängig sind (MILLER & BORGMAN 1984). Unter Anwendung des infinite-slope-model verwenden MULDER & VAN ASCH (1988) stochastische Methoden, um den Sicherheitsfaktor als Maß für die Gefährdung zu bestimmen. Für eine Testregion in den Französischen Alpen hat MULDER (1991, S. 123) Sensitivitätsanalysen des infinite-slope-models durchgeführt und festgestellt, daß bei tiefgründigen Bewegungen die Scherfestigkeitsparameter gegenüber der Hangneigung völlig an Bedeutung verlieren. Er schlägt daher vor, eine Region anhand des sensitivsten Faktors zu unterteilen und mittels Monte-Carlo-Simulationen die Verteilung des Sicherheitsfaktors innerhalb jeder Hangneigungsklasse zu berechnen. Als Maß für die Gefährdung kann der Anteil an der Verteilung herangezogen werden, welcher einen Sicherheitsfaktor unter eins hat. Das Problem dieser Vorgehensweise liegt jedoch darin, daß in das Modell die Tiefe der potentiellen Gleitfläche mit eingeht, eine Variable, die nur sehr schwer zu bestimmen ist. Einen ähnlichen Weg verfolgen HAMMOND et al. (1992), die jedoch darauf hinweisen, daß bei der Monte-Carlo-Simulation unbedingt zu beachten ist, daß für realistische Abschätzungen die Beziehungen zwischen abhängigen Variablen berücksichtigt werden, also z.B. die Beziehungen zwischen der Kohäsion und dem effektiven Reibungswinkel. IVERSON (1991) betont, daß Berechnungen des Sicherheitfaktors mit dem infinite-slope-model, bei denen die Tiefe der Gleitfläche nicht bekannt ist, bis zu 50 % falsch liegen können. In vielen Modellen wird daher als Näherung die Mächtigkeit des Lockersubstrats über einer Festgesteinsgrenze als Tiefe der potentiellen Gleitfläche angenommen (z.B. OKIMURA & ICHIKAWA 1985).

2.3 Auslösefaktoren

Fast allen Massenbewegungen ist gemeinsam, daß sie durch steigenden Porenwasserdruck oder herabgesetzte Kohäsion bzw. verringerte Restscherfestigkeiten ausgelöst werden, d.h. der Porenwasserdruck wird so hoch bzw. die Kohäsion so gering, daß die effektive Scherfestigkeit des Materials kleiner wird als die angreifende Scherspannung (s. Gl. 1). Eine Ausnahme bilden die durch Erdbeben ausgelösten Prozesse. Hier führen sozusagen auf der anderen Seite der Gleichung Horizontal- und Vertikalbeschleunigungen zur kurzfristigen Erhöhung der angreifenden Scherspannung und somit zu einer Destabilisierung der Hänge.

2.3.1 Witterungsklimatische Auslösefaktoren

Wasser wird den Hängen über den hydrologischen Kreislauf zugeführt. Der Aufbau kritischer Porenwasserdrücke ist somit eng mit dem witterungsklimatischen Geschehen verbunden. Diese Beziehung spielt sich zeitlich gesehen in verschiedenen Maßstäben ab und ist für die Auslösung von Massenbewegungen in lokalen und regionalen Maßstäben unterschiedlich. Die häufigste Form sind empirische Indizes, die Grenzwerte für die Auslösung von Massenbewegungen über den Zusammenhang zwischen Niederschlagsdauer und Intensität definieren. Erste Indizes dieser Art hat LUMB (1975) für Hongkong veröffentlicht. Weitere Indizes finden sich bei CAINE (1980) für eine Region um Kathmandu, Nepal und bei CANUTI et al. (1985). Inzwischen liegen zahlreiche andere derartige Beziehungen aus den verschiedensten Landschaftsräumen vor (u.a. OMURA, 1992). In einem Fall war es sogar möglich, auf Basis dieser Beziehungen ein System zur Vorwarnung der Bevölkerung über Radiosender zu installieren (KEEFER et al., 1987).

Die Maßstabsabhängigkeit geomorphologischer Prozesse hat zur Folge, daß bei der Betrachtung längerer Zeiträume klimatische Zusammenhänge deutlich werden. Dies zeigt STARKEL (1966), der für das Holozän drei Phasen verstärkter Massenbewegungen anführt. Die erste während des Übergangs vom Pleistozän bis zum frühen Präboreal, die zweite während des frühen Atlantikums und eine weitere während des frühen Subatlantikums. Dies sind stratigraphische Abschnitte, die alle durch feuchtere und/oder kältere Klimabedingungen gekennzeichnet sind. In seinem grundlegenden Werk über Bergstürze in den Alpen beschreibt HEIM (1932) die Bedeutung des Wetterverlaufs und folgert, daß die meisten Bergstürze im September stattfinden, ohne jedoch auf die vielen Ausnahmen hinzuweisen. Weiterhin konnte GROVE (1972) für die Periode der sog. *Kleinen Eiszeit*, die etwa von 1500 bis 1850 andauerte, verstärkte Lawinentätigkeit, Massenbewegungen und Hochwässer in Norwegen nachweisen. Der Begriff der *Kleinen Eiszeit* wurde erstmals vom MATTHES (1939) eingeführt und beschreibt eine Periode, die durch erneute Gletschervorstöße und gesunkene Durchschnittstemperaturen gekennzeichnet ist und deren Folgen weltweit registriert wurden (GROVE 1988, GOUDIE 1992). Die ausschließliche Verbindung historischer Massenbewegungsereignisse mit Klimaschwankungen kritisieren BROOKS ET AL. (1993) als einen zu simplen Ansatz, der kein Verständnis des Prozesses liefert, also einen reinen Black-box-Ansatz darstellt und vor allen Dingen die graduellen Änderungen der Substrateigenschaften in einem holozänen Zeitmaßstab außer acht läßt. Sie versuchen, über ein physikalisch basiertes, gekoppeltes hydrologisches Stabilitätsmodell unter Einbeziehung des Entwicklungszustandes eines Bodens und eines Modellniederschlags die Entwicklung des Sicherheitsfaktors während des Holozäns zu modellieren. Dieses Modell baut z.T. auf den theoretischen Überlegungen des Zusammenhangs zwischen klimatologischen/ meteorologischen Parametern und der Entwicklung des Grundwasserspiegels von FREEZE (1987) auf. Es verdient besondere Beachtung, da es das erste seiner Art ist, in dem klimatische Parameter und geomorphologische bzw. pedologische Kenngrößen mit einem zeitlich differenzierenden Hangstabilitätsmodell gekoppelt werden. Es muß jedoch erwähnt werden, daß diese Modell nur die oberflächennahen Massenbewegungen beschreibt, welche sich mehr oder weniger als translatorische Rutschungen im Bereich des unmittelbar vom Bodenwasser beeinflußten Bereichs ereignen.

Die angeführten Beispiele zeigen ein großes methodisches Spektrum. Empirische Indizes überwiegen, und es muß angenommen werden, daß für unterschiedliche Massenbewegungstypen auch unterschiedliche klimatische und meteorologische Auslösemechanismen wirken. Es gibt keinen einheitlichen Grenzwert, der generell angewendet werden kann (GOSTELOW, 1991). In Kapitel 3 werden die Ergebnisse eigener Untersuchungen über den Zusammenhang zwischen klimatischen Parametern und verstärkter Rutschungsaktivität in Rheinhessen vorgestellt.

2.3.2 Diskussion

Die oben gemachten Ausführungen beziehen sich zum überwiegenden Teil auf aktuell stattfindende Massenbewegungen bzw. solche, die maximal wenige hundert Jahre zurückliegen. Die Kenntnis von Beziehungen zwischen Klima und Massenbewegungsaktivität trägt jedoch nicht nur zum Verständnis der aktuell ablaufenden Prozesse bei, sondern bietet darüber hinaus die Möglichkeit, die Auswirkungen potentieller Klimaveränderungen auf die Häufigkeit von Massenbewegungen zu modellieren. In der Hydrologie hat man diesbezüglich schon erhebliche Fortschritte erzielt (WILKS, 1992), während bei den Massenbewegungen die Forschung hier noch in den Anfängen steckt. Im europäischen Rahmen hat sich das Projekt TESLEC (*The temporal stability and activity of landslides in Europe with respect to climatic change*, DIKAU, 1995) dieser Aufgabe im Rahmen des EU-Environment -Programms gestellt. Im oben erwähnten EPOCH-Projekt haben sich ebenfalls verschiedene Gruppen der Fragestellung gewidmet, Aktivitätsphasen herauszuarbeiten. Im Gegensatz zu hydrologischen Meßreihen hat sich v.a. die Genauigkeit der Zeitangabe historischer Rutschungen als Problem erwiesen. So ist es sehr schwer, in historischen Zeitreihen für Massenbewegungen ein klimatisches Signal herauszufiltern, welches nicht von der Zunahme der Datendichte aufgrund zunehmenden Interesses an Naturprozessen, wie es z.B. für die Renaissance charakteristisch ist, überdeckt wird. IBSEN & BRUNSDEN (1994) konnten an der englischen Südküste bzw. auf der Isle of Wight aus Archivdaten Aktivitätsphasen ableiten und mit Zeitreihen der potentiellen Evapotranspiration nach der Methode von DIKAU & JÄGER (1995) korrelieren.

Im längeren zeitlichen Maßstab des Holozäns bzw. des gesamten Quartärs fehlen natürlich die Instrumentenmeßreihen, und es muß auf indirekte bzw. direkte Datierungsmethoden zurückgegriffen werden. Die Schwierigkeit besteht dabei weniger darin, eine verläßliche Klimazeitreihe aufzubauen, als vielmehr verläßliche Altersangaben für im Gelände gefundene Massenbewegungen zu bekommen.

Neben der historisch-genetischen Bedeutung kommt dem Zusammenhang von Witterung, Klima und Massenbewegungen jedoch auch eine sehr angewandte Bedeutung zu. Die zeitlich variable Gefährdung durch Massenbewegungen ist in der Regel durch den von der Witterung abhängigen Grundwasserstand bzw. die Scherfestigkeit gesteuert. Zur Bestimmung des aktuellen Gefährdungsgrades ist also die Kenntnis des Grundwasserstandes notwendig. Solche Meßdaten liegen in den meisten Fällen jedoch nicht vor. Ist aber eine hinreichend genaue Modellierung des Scherfestigkeitszustandes über hydrometeorologische Zusammenhänge möglich, können meteorologische Meßreihen als indirekte Indikatoren benutzt werden (SANGREY et al. 1984, MILLER 1988). Diese Methode erscheint um so erfolgversprechender, je mehr sie darauf abzielt, einen Indikator für den Bodenfeuchtezustand zu berechnen, wie es z.B. von CROZIER & EYLES (1980) in Neuseeland gezeigt werden konnte. Dazu ist es notwendig, in Testgebieten möglichst genau die Zusammenhänge zwischen dem Grundwasserstand und der Auslösung von Rutschungen zu untersuchen, um übertragbare Beziehungen definieren zu können.

2.3.3 Auslösung von Massenbewegungen durch Erdbeben

Zu den wichtigsten weiteren Auslösemechanismen sind vor allem Erdbeben über einem bestimmten, entfernungsabhängigen, Magnitudengrenzwert zu rechnen. Die von Erbeben ausgelösten Massenbewegungen sind zwar nicht Gegenstand dieser Arbeit, sie spielen jedoch für die Fallstudie Yosemite eine Rolle. Es erscheint daher angebracht, den Forschungsstand zusammenfassend darzustellen. So wurden z.B. nach der Mammoth Lakes-Erdbebenserie 1980 in der Sierra Nevada, Kalifornien, mehr als 5000 Felsgleitungen und Felsstürze registriert (KEEFER & WILSON, 1989). Auch bei der starken Erdbebenserie von 1811/1812 um New Madrid, Tennessee, wurde eine große Anzahl von Rutschungen ausgelöst (JIBSON & KEEFER, 1988a, 1988b, 1993). Weitere katastrophale Ereignisse sind bei HANSEN & FRANKS (1991) zusammengefaßt. In Europa zählen v.a. Italien und Griechenland zu den gefährdeten Gebieten.

Die Forschung wurde v.a. in den USA und China vorangetrieben. So finden sich erste systematische Untersuchungen bei LI (1978) für China. In den USA wurde dieser Problematik infolge gesetzgeberischer Vorgaben durch den *Earthquake Hazards Reduction Act* aus dem Jahre 1977 verstärkte Aufmerksamkeit geschenkt. Die empirischen Befunde ergaben, daß die Auslösung und Anzahl von Massenbewegungen durch Erdbeben überwiegend von folgenden Faktoren abhängt:
- Entfernung zum Epizentrum
- Magnitude und Dauer des Erbebens
- lokale geologische, boden- und felsmechanische, hydrogeologische und topographische Bedingungen

Basierend auf diesen Zusammenhängen sind bei KEEFER (1984) und KEEFER & WILSON (1989) sowie bei WILSON & KEEFER (1985) Ergebnisse veröffentlicht, die die Magnitude und die maximale Entfernung eines Erdbebens, innerhalb derer Massenbewegungen eines bestimmten Typs zu erwarten sind, zueinander in Beziehung setzen. In einer neueren Arbeit, basierend auf einem einfachen Stabilitätsmdodell, dem *infinite slope model*, und der *Newmark*-Methode (NEWMARK 1965) haben WIECZOREK ET AL. (1985) eine Karte publiziert, die die Hangstabilität während zu erwartender Erdbeben für den San Mateo County, Kalifornien, darstellen. Bei der *Newmark*-Methode wird mit Hilfe eines Seismogramms, welches die Beschleunigung während eines Erdbebens darstellt, der Versatz einer potentiellen Rutschmasse berechnet. Die Berücksichtigung seismischer Faktoren bei der Anwendung von geotechnischen Stabilitätsmodellen sind sehr ausführlich in COTECCHIA (1987) zusammengefaßt.

Erwähnenswert erscheint die Tatsache, daß der Massenbewegungsprozeß auch verzögert nach einem Erdbebenereignis auftreten kann, was nach HANSEN & FRANKS (1990) entweder auf die zeitliche Abnahme der Scherfestigkeit oder aber auf die nachträgliche Infiltration von Niederschlagswasser in die durch das Erbeben entstandenen Klüfte zurückzuführen ist. Beobachtungen dieser Art wurden beispielsweise von D'ELIA ET AL. (1985) in Italien gemacht.

2.4   Verknüpfung räumlicher und zeitlicher Ansätze

Die meisten GIS-gestützten Gefahrenmodelle sind nicht in der Lage, die zeitlich variable Gefährdung adäquat darzustellen. In der Regel ist es jedoch so, daß eine Gefährdung nur zu gewissen Zeiten besteht, beispielsweise während eines Niederschlagsereignisses. Zusätzlich kann während eines solchen Niederschlags die Gefährdung räumlich variabel verteilt sein. Da Geographische Informationssysteme noch aus recht statischen Komponenten bestehen, in denen zwar räumlich-analytische Funktionen sehr hohe Komplexität erreichen können, ist die Integration zeitlich veränderlicher Faktoren, also die Integration einer dynamischen Komponente ein Problem. Es gibt jedoch einige wenige Ansätze, dynamische Modelle bzw. zeitabhängige Auftrittswahrscheinlichkeiten für Massenbewegungen räumlich, d.h. in Kartenform, darzustellen. CAMPBELL & BERNKNOPF (1993) haben für ein Testgebiet in den Oakland Hills, Kalifornien, ein Modell entwickelt, das auf zeitlich genau bekannten Ereignissen einer benachbarten Region basierend die räumlich und zeitlich variable, bedingte Wahrscheinlichkeit eines Murgangs unter Einbeziehung räumlich variabler Faktoren (Materialeigenschaften, Hangneigung, Substratmächtigkeit) während eines Niederschlagsereignisses berechnet. Das Modell ist in ein GIS integriert, mit dessen Hilfe Karten über die stündliche Verteilung der Wahrscheinlichkeit eines Murgangs erstellt werden. Über einen empirisch ermittelten Niederschlagsindex, den sog. *cumulative rainfall index (CRI_T)* kann dies für verschiedene Modellniederschläge simuliert werden. Die Übertragbarkeit dieses Ansatzes in ein Gebiet um Los Angeles wird derzeit überprüft (CAMPBELL et al. 1994).

2.5   Zusammenfassung

In den einzelnen Teilbereichen der räumlichen Disposition von Massenbewegungen im regionalen Maßstab sowie der Erarbeitung zeitlicher Indizes zur Auslösung der Prozesse sind zahlreiche Arbeiten publiziert worden. Bei den räumlichen Ansätzen konzentriert sich die Forschung derzeit überwiegend auf die Verknüpfung geotechnischer, geostatistischer und geomorphologischer Informationen in Wahrscheinlichkeitsmodellen. In zeitlicher Hinsicht stellt die Erarbeitung weiterer Beziehungen zwischen dem Auftreten von Massenbewegungen und dem klimatischen Geschehen sowohl bei der Vorhersage potentieller Ereignisse als auch bei der Rekonstruktion holozäner bis subrezenter Aktivitätsphasen einen zentralen Forschungsschwerpunkt dar. Die Verbindung dieser zwei Komponenten in GIS-gestützten Gefahrenmodellen steckt noch in den Anfängen. Sie ist nach Meinung des Autors jedoch ein Schritt in die richtige Richtung und erste vielversprechende Ergebnisse liegen bereits vor.

3. RÄUMLICHE UND ZEITLICHE VARIABILITÄT DER RUTSCHUNGSAKTIVITÄT IN RHEINHESSEN

Die hier vorgestellten Untersuchungen zur räumlichen und zeitlichen Aktivität von Massenbewegungen in Rheinhessen wurden zum größten Teil im Rahmen des in der Einleitung erwähnten EPOCH-Programms durchgeführt. Sie gliedern sich in zwei Teile. Zum einen werden verschiedene räumliche, d.h. GIS-gestützte Gefahrenmodelle, zum anderen Untersuchungen zum Zusammenhang zwischen klimatischen Zeitreihen und der Auslösung von Rutschungen präsentiert. Die Idee, die der Methodik zugrunde liegt, orientiert sich daran, die Bewertung der Gefährdung gemäß der Definition von VARNES (1984, s. Einleitung) in eine zeitliche und eine räumliche Komponente zu unterteilen (s. Abb. 3).

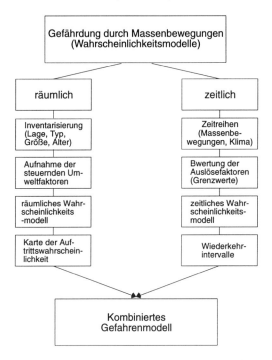

Abb. 3.: Räumliche und zeitliche Komponenten einer Gefahrenabschätzung von Massenbewegungen im Sinne von VARNES (1984), aus JÄGER & DIKAU (1993, nach VARNES 1984 bzw. UNDRO 1991).

Dem methodischen Teil sind Erläuterungen zu den physisch-geographischen Voraussetzungen des Untersuchungsgebietes vorangestellt. Ein abschließendes Kapitel unterzieht die Ergebnisse einer kritischen Diskussion.

3.1 Lage des Untersuchungsgebietes Rheinhessen

Das Untersuchungsgebiet (Abb. 4) umfaßt den überwiegenden Teil des links-rheinisch gelegenen Mainzer Beckens und erstreckt sich insgesamt über ca. 1000 km².

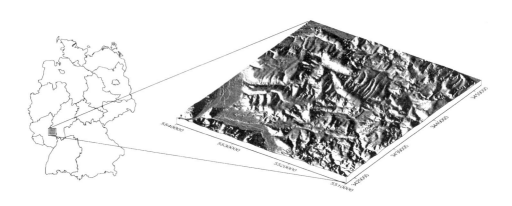

Abb. 4: Lage des Untersuchungsgebietes Rheinhessen

Die geographischen und geologischen Verhältnisse sind im wesentlichen auch in LESER (1969) bzw. ROTHAUSEN & SONNE (1984) zusammengefaßt, auf die sich die nachfolgenden Ausführungen überwiegend beziehen. Für den Bereich der TK25, Blatt Bingen, wurde im Rahmen des DFG-Schwerpunktprogramms (BARSCH et al. 1978) auch eine Geomorphologische Karte erarbeitet (ANDRES et al. 1983, ANDRES & PREUß 1983). Das Rheinhessische Tafel- und Hügelland wird nach der naturräumlichen Gliederung im Norden vom Rheinischen Schiefergebirge, südlich und westlich vom Nordpfälzer Bergland sowie im Osten vom Oberrheinischen Tiefland begrenzt (UHLIG 1964).

3.2 Geologie

Während des Tertiärs war das Mainzer Becken mehrmals als Senke ausgebildet, in der marine bis randmarine Sedimente abgelagert wurden. Die Senkensituation ist eng mit dem Einbruch des Rheingrabens verbunden. Für den Massenbewegungsprozeß in Rheinhessen bedeutsame Sedimente beginnen mit dem mitteloligozänen *Unteren Rupelton*, der im Mainzer Becken als hellgrauer Tonmergel ausgebildet ist und Mächtigkeiten von wenigen Metern bis zu 38 m erreicht. Darüber liegen die sog. *Schleichsande*, eine Abfolge von feinsandigen bis mergeligen Substraten, die sich horizonzal und vertikal häufig abwechseln. Mächtigkeiten des Schleichsandes liegen nach ROTHAUSEN & SONNE (1984) zwischen 50 m und 70 m, wobei die einzelnen Lagen Schichtdicken von wenigen Zentimetern bis zu einigen Metern erreichen. Die nächste Stufe wird von den oberoligozänen *Cyrenenmergeln* gebildet, einem 10-15 m mächtigen Schichtpaket, das aus blaugrauen bis blaugrünen Tonmergeln aufgebaut ist. Mit Beginn der überlagernden *Süßwasserschichten* endet die marine Sedimentation im Mainzer Becken und geht in limnische Bedingungen über. Lithologisch sind die Süßwasserschichten durch höhere Feinsand- und Schluffanteile gekennzeichnet. Die darüber liegenden *Unteren Cerithienschichten* sind lithofaziell nur schwer von den Süßwasserschichten zu unterscheiden und erreichen Mächtigkeiten von 20 m, die allerdings nach Westen hin sehr stark ausdünnen. Sie markieren jedoch den Beginn einer neuen Transgressionsphase, die mit der Ablagerung der *Mittleren Cerithienschichten* weitergeht. Darüber liegen die *Oberen Cerithienschichten*, eine weitere Wechselfolge von Tonmergeln von bis zu 30 m Mächtigkeit. Mit der Ablagerung der *Corbiculaschichten* beginnt das Miozän des Mainzer Beckens. Tonmergel und Kalksteine zeigen brackische bis limnische Bedingungen an. Die *Hydrobienschichten,* deren Mächtigkeiten zwischen 70 m bei

Stufe	Schicht	Mächtigkeit	Anmerkung
Pliozän	arvernensis-Schotter	-	Fluviatile Sande und Schotter des Ur-Mains, Verbreitung etwa von Mainz bis Ockenheim
	Dinotheriensande	bis 15 m	Dunkelbraune oder gelbe Tone, teils feinsandig, eingestreute Bohnerze, stratigraphische Stellung nicht geklärt
	Bohnerztone	-	Fluviatile Kiese und Sande, Verbreitung Westhofen über Alzey bis Bingen
Untermiozän	Hydrobienschichten	bis 80 m	Mergel mit plattigen Kalken
	Corbiculaschichten	bis 40 m	Wechsellagernde Tonmergel und Kalksteine, am Grabenrand auch Riffkalke
	Obere Cerithienschichten	bis 30 m	Wechsellagerung von Tonmergeln mit oolithischen Kalksteinen
Ober-Oligozän	Untere Cerithienschichten	bis 20 m	Tonmergel geringer Mächtigkeit, teils auch als *Weisenauer Schichten* bezeichnet, Vorkommen im westlichen Rheinhessen
	Süßwasserschichten	bis 40 m	Kalkreiche Tonmergel, im Hangenden *Milchquarzschotter* (bis 2 m mächtig)
	Cyrenenmergel	bis 15 m	Kalkreiche Tonmergel, teils mit Kohleflözchen
Mittel-Oligozän	Schleichsand	50 - 70 m	Horizontal und vertikal wechselnde Feinsande und Mergel
	Oberer Rupelton	bis 38 m	Tonmergel und Feinsande
	Mittlerer Rupelton	bis 80 m	Dunkelgraue und schwarzbraune Tone und Mergel
	Unterer Rupelton	bis 40 m	Mergel und feinsandige Tone

Abb. 5.: Schichtenfolge des Tertiärs in Rheinhessen (nach ROTHAUSEN & SONNE 1984).

Mainz-Mombach und wenigen Dezimetern bei Bingen (ROTHAUSEN & SONNE 1984) schwanken, schließen die Sedimentation im Mainzer Becken ab. Nach der Sedimentation dieser Schichten wird aus dem Ablagerungsraum ein Abtragungsraum. Fluviale Sedimente des Ur-Rheins, die *Dinotheriensande*, stellen die nächste Schicht des Tertiärs dar. Sie bestehen aus basalen Kiesen, die meist von Sanden überlagert sind. Ihre Verbreitung an den westlichen und östlichen Randstufen des Rheinhessischen Plateaus läßt in etwa den Verlauf des Ur-Rheins erkennen. Das Pliozän ist durch die Bohnerztonlagen und die *avernensis-Schotter* dokumentiert, welche am nördlichen Rand des Plateaus vorkommen und einem alten Mainlauf zugeordnet werden können. Abb. 5 faßt die Mächtigkeiten und Abfolge der tertiären Schichten zusammen. Bedeutende pleistozäne Sedimente bilden Flugsande und Löß. Die Lößakkumulation kann bis zu 30 m betragen und konzentriert sich hauptsächlich auf Nord- und Osthänge.

3.3 Quartäre Reliefentwicklung

3.3.1 Aufbau der Schichtstufe

Wie es bei einem klassischen Schichtstufenaufbau zu erwarten ist, besteht ein sehr enger Zusammenhang zwischen der Widerständigkeit der geologischen Schichten und der Reliefgestaltung. Die Schichtstufen in Rheinhessen sind in der Regel als Walmschichtstufen im Sinne von BLUME (1971) ausgebildet. Als Stufenbildner wirken die teilweise als Kalkbänke, teilweise als kalkreiche Mergel ausgebildeten miozänen (Aquitan) Corbiculaschichten. ANDRES & PREUß (1983) bemerken jedoch, daß die Steilheit des Oberhanges nicht allein aus der Widerständigkeit der Aquitan-Schichten abgeleitet werden könne, da die Kalkbänke nur eine relativ geringe Mächtigkeit von rd. 2,5 m besitzen. Die Schichtstufen des Untersuchungsgebietes können nach PREUß (1983) sowie ANDRES & PREUß (1983) geomorphographisch in den Plateaubereich, den flachen Oberhang, einen steilen Oberhangbereich, den Mittelhang und einen flacheren Unterhang, der zum Teil in langen Riedeln ausläuft, untergliedert werden. Die Schichtstufe ist weiterhin untergliedert in Vorsprünge, die sogenannten. Hörnchen, und weit in den Plateaubereich eingreifende Ausraumzonen und Einbuchtungen. Einen markanten Auslieger stellt der Wißberg bei Gau-Bickelheim dar (s. Abb. 4). Zur Untergliederung der Schichtstufe verwendete PREUß (1983) nahezu ausschließlich geomorphographische Merkmale, die hier verkürzt wiedergegeben werden sollen. Dies kommt insofern der Problemstellung dieser Arbeit entgegen, als ein morphometrische Parameter auch bei der Ableitung des Gefahrenmodells eine wesentliche Rolle spielen.

Der Plateaubereich ist nur schwach geneigt und besteht aus pliozänen Sanden und Kiesen, die teilweise von Löß überlagert sind. Er ist kleinförmig durch Dellen- und Flachrücken gegliedert (ANDRES & PREUß 1983). An den konvexen Trauf schließt sich unterhalb der steile Oberhangbereich an, der Hangneigungswerte zwischen 5° und 27° aufweist. Er ist aus den miozänen Kalken aufgebaut.

Die Untergrenze des steilen Oberhangs legt PREUß (1983) dahin, wo die darunter liegenden Hangbereiche Hangneigungswerte von 15° nicht übersteigen. Weiterhin bildet der konkave Wölbungsscheitel, also die Linie der stärksten konkaven Krümmung, den Übergang zum Mittelhang.

Der nach unten anschließende Mittelhang ist nach PREUß (1983) dadurch gekennzeichnet, daß er durch Vorsprünge gegliedert ist und nicht als einheitlich verflachender Hang ausgebildet ist. Den geologischen Untergrund bilden die sandigen bis tonigen Mergel der Süßwasserschichten, der Cyrenenmergel und des Schleichsandes. Diese Teile der Schichtstufe werden überwiegend weinbaulich genutzt. Die Böden werden tief rigolt, und nur in Eintiefungen finden sich Kolluvien. Es ist der Mittelhangbereich, in dem auch die meisten Rutschungen zu finden sind. Zum Unterhang bzw. Hangfuß grenzt PREUß (1983) den Mittelhang mit der 4°- bzw. der 2°-Isolinie ab.

Der sich anschließende Unterhang und der Hangfuß erreichen unterschiedliche Breiten. So bildet diese Zone im westlichen Bereich zur Nahe hin einen breiten, fast unmerklichen Übergang zur Naheniederung, während er am Nordrand direkt von der Tiefenlinie begrenzt wird (PREUß 1983).

3.3.2 Pleistozäne und aktuelle Prozeßdynamik

Das heutige Erscheinungsbild des Rheinhessischen Tafel- und Hügellandes ist vor allem durch pleistozäne Formungsprozesse entstanden. Für einen Teil des Untersuchungsraums wurde im Rahmen des GMK-Schwerpunkts (BARSCH et al. 1978) eine Geomorphologische Karte im Maßstab 1:25.000 erstellt (ANDRES et al. 1983) in der deutlich sichtbar wird, daß cryogene, denudative und fluviale Prozeßbereiche dominieren. STEINGÖTTER (1984) betont, daß während des Pleistozäns ebenfalls Massenbewegungen an den Schichtstufen stattgefunden haben. Terrassenkomplexe von Rhein und Nahe (s. dazu GÖRG 1983) legen Zeugnis ab von der starken geomorphologischen Aktivität im Pleistozän. Als äolische Prozeßbereiche treten besonders die Lößdecken hervor. Die aktuelle Prozeßdynamik wird überwiegend von fluvialen und Massenbewegungsprozessen bestimmt. Die wichtigsten Vorfluter sind die Nahe im Westen, der Rhein im Norden und Osten sowie die Selz im Norden und die Pfrimm im Süden. Auf der Westseite der Schichtstufe entwässern der kleinere Wiesenbach und der Appelbach das Plateau. Besonderes Augenmerk wurde von PREUß (1983) auf die Geomorphodynamik an der Schichtsufe gelegt. Für diesen Teil führt er die räumliche Disposition von Rutschungen auf das Vorhandensein von Rinnen im Relief der Pliozänbasis zurück.

3.4 Klima

Rheinhessen gehört zu den trockensten Gebieten Mitteleuropas (KANDLER 1977). Durch die umliegenden Mittelgebirge Hunsrück und Taunus abgeschirmt, macht sich in der Beckenregion eine deutliche Leewirkung bemerkbar. Sie führt dazu, daß die meisten Lagen des Untersuchungsraums im Jahresdurchschnitt unter 550 mm Niederschlag erhalten. Die nordwestlichen Bereiche des Schichtstufenbereiches erhalten sogar weniger als 500 mm. Die Beckenregion kann im Vergleich zu den umliegenden Höhenlagen als wesentlich kontinentaler bezeichnet werden (KANDLER 1977, S. 293). Bei Betrachtung des Verhältnisses der Sommer- zu den Winterniederschlägen läßt sich der Niederschlags-Saisonalitätsindex S_P nach BULL (1991, S. 35) berechnen (Gl. 2) und als schwach saisonal einstufen. Die feuchtesten Monate sind der Juni, Juli und August, die niederschlagsärmsten sind die Monate Januar, Februar und März.

$$Sp = \frac{P_w \ (Summe \ der \ 3 \ feuchtesten \ aufeinander \ folgenden \ Monate)}{P_D \ (Summe \ der \ 3 \ feuchtesten \ aufeinander \ folgenden \ Monate)} \quad \text{(Gl. 2)}$$

Die Verteilung der mittleren Monatssummen drückt jedoch nur einen Teil der hygrischen Verhältnisse aus. Die Extremwertstatistik zeigt ein etwas anderes Bild. Die sommerlichen Niederschlagsmaxima kommen zu einem großen Teil durch konvektive Gewitterregen zustande (Abb. 6).

Mit Jahresmitteltemperaturen über 9 °C (Alzey: 9,4 C, Bad Kreuznach: 9,7 °C, Worms: 10,2 °C) kann Rheinhessen in thermischer Hinsicht als besonders begünstigte Region bezeichnet werden. Der wärmste Monat ist der Juli mit langjährigen Mittelwerten über 18 °C (Worms: 19,4 °C, Alzey: 18,2 °C, Bad Kreuznach: 18,6 °C). Der Temperatur-Saisonalitätsindex S_T (Gl. 3) nach BULL (1991, S. 35) beträgt für die Station Alzey 17,4 und ist als mittelmäßig saisonal einzustufen.

$$S_T = T_h - T_C \quad (wärmster - kältester \ Monat) \quad \text{(Gl. 3)}$$

Diese Zahlen verdeutlichen den kontinentalen Charakter des Klimas im Beckenbereich Rheinhessens.

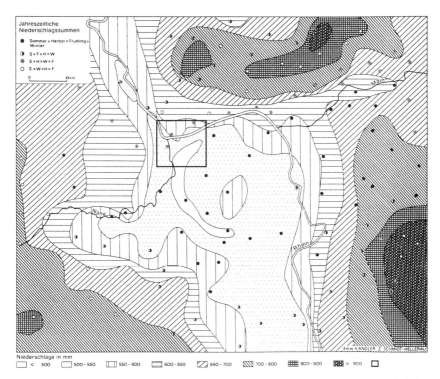

Abb. 6: Karte der Niederschlagshöhen und -verteilung in und um Rheinhessen (nach KANDLER & PREUß 1983)

3.5 Bisherige Arbeiten zu Massenbewegungen in Rheinhessen

Bei der Durchsicht der Literatur zeigt sich, daß Untersuchungen insbesondere als Reaktion auf aufgetretene Rutschungen vorgenommen wurden. Erste Arbeiten über Massenbewegungen in den Tertiärsedimenten des Mainzer Beckens finden sich bei STEUER (1910), der sich auch gutachterlich mit dieser Problematik befaßt hat (STEUER 1934). WAGNER & MICHELS (1930) erwähnen Rutschungen an den Schichtstufenhängen in den Erläuterungen zur Geologischen Karte Bingen-Rüdesheim[1] und auch in der Geologischen Karte von Wörrstadt (WAGNER 1935) sind Rutschungssignaturen vorhanden. Die Wüstungen Hausen bei Engelstadt im Selztal und Reichelsheim westlich von Nieder-Olm bringt WAGNER (1941) in den Zusammenhang mit Rutschungen, ohne dafür jedoch konkrete Belege liefern zu können. Eine sehr ausführliche Arbeit zur Rutschung am Jakobsberg bei Ockenheim hat LAUBER (1941) veröffentlicht, in der auch erste Meßergebnisse über die boden-

---

[1] heute Geologische Karte 1:25000, Bl. Nr. 6013 Bingen

mechanischen Eigenschaften der Rutschmassen publiziert sind. Für das besonders stark betroffene südrheinhessische Zellertal hat ANDRES (1977) eine Zunahme von Rutschungen im 20. Jahrhundert festgestellt und macht dafür Eingriffe des Menschen (Bau von Wasserleitungen, gebrochene Drainagen etc.) verantwortlich. Auch KRAUTER (1994) geht von einer Zunahme der Rutschungen im 20. Jahrhundert aus. Daß bauliche Eingriffe des Menschen in dieser geologisch höchst sensiblen Situation äußerst problematisch sind, steht außer Frage. Ob tatsächlich eine Zunahme von Massenbewegungen zu verzeichnen ist, läßt sich jedoch nur schwer klären, da über die Häufigkeit von Massenbewegungen vor der Jahrhundertwende nur wenig bekannt ist. Ob diese Tatsache bedeutet, daß nur wenige Massenbewegungen stattgefunden haben oder nur die Aufzeichnungen darüber lückenhaft bzw. überhaupt nicht vorhanden sind, kann nur vermutet werden.

In einem anderen zeitlichen Maßstab hat sich SEMMEL (1986) mit der Rutschungsproblematik in der Gegend um Guntersblum befaßt. Er hat die ältesten Rutschungen aufgrund lößstratigraphischer Befunde ins Mittelwürm datieren können. Für neuzeitliche Rutschungen macht er anthropogene Eingriffe verantwortlich, wozu v.a. die Bodenerosion zählt, welche die Deckschichten- und Lößmächtigkeiten erheblich reduziert hat, was zu einer schnelleren Vernässung der tertiären Schichten führt. Es gibt bisher keine systematischen Untersuchungen über den Anteil von Massenbewegungen am nicht-rezenten Prozeßgefüge an den Schichtstufenhängen Rheinhessens.

Ein extremes Ereignis zur Jahreswende 1981/82 hat die Problematik erneut in das Licht der Öffentlichkeit gerückt. Rund 200 dokumentierte Rutschungen im gesamten Rheinhessen stellen das bisher größte bekannte derartige Ereignis dar. Vor allem die Arbeitsgruppe um Professor Krauter in Mainz hat sich seither mit der Problemtik der Massenbewegungen auseinander gesetzt (KRAUTER UND STEINGÖTTER 1983, KRAUTER et al. 1983, STEINGÖTTER 1984, ROSENTHAL et al. 1988, KRAUTER 1994, MATTHESIUS 1994).

3.6 Bodenmechanische Eigenschaften der tertiären Sedimente

Das Schrumpfungs- und Quellungsverhalten von bindigen Substraten und somit auch ihrer Scherfestigkeit hängt sehr stark von der Tonmineralogie und deren bodenmechanischen Kennwerten ab (SELBY 1982). Weiterhin hat SKEMPTON (1964) gezeigt, daß zwischen dem Restreibungswinkel und den einfacher zu bestimmenden bodenmechanischen Kenngrößen Tongehalt und Plastizitätsindex empirische Beziehungen ermittelt werden können. In der Praxis wird das Verhalten von Proben durch die sog. Atterberg-Werte bestimmt. Die Plastitzitätszahl (I_P), auch als Bildsamkeit bezeichnet, wird als Differenz zwischen der Ausrollgrenze (w_P) und der Fließgrenze (w_L) berechnet. w_P und w_L sind die Wassergehalte, bei denen eine Bodenprobe beginnt, sich plastisch bzw. wie eine Flüssigkeit zu verhalten, I_P gibt somit den Bereich an, in dem Tone sich plastisch verhalten. Das Diagramm nach CASAGRANDE dient dazu, nach bodenmechanischen Gesichtspunkten Tone von Schluffen zu differenzieren. Schluffe liegen unter der A-Linie (s. Abb. 7). Zur Bestimmung siehe PRINZ (1982).

Es existieren relativ wenige veröffentlichte Meßwerte über die bodenmechanischen Eigenschaften der tertiären Tone und Mergel Rheinhessens. Die frühesten Meßwerte stammen von LAUBER (1941) für die Rutschung am Jakobsberg. Weitere Angaben finden sich in den Arbeiten der Autorengruppe um Krauter (s. Kap. 3.5). Insbesondere STEINGÖTTER (1984) hat umfangreiche Laborversuche durchgeführt. Die neuesten Werte finden sich in der Arbeit von MATTHESIUS (1994), die er an Proben vom Wißberg erhoben hat. Abb. 7 zeigt in einem Plastizitätsdiagramm nach CASAGRANDE die von Lauber am Jakobsberg gemessenen Werte. Die Fließgrenze und die Plastizitätszahl sind Materialwerte, die nicht vom Feuchtezustand des Bodens abhängen. Weiterhin können das Verhalten und die Art der Tonminerale mit dem Aktivitätsindex beschrieben werden, der sich aus dem Quotienten der Plastizitätszahl und dem Tonanteil ergibt (Abb. 8).

Bei der Angabe von Atterberg-Werten sollte bedacht werden, daß ihre Bestimmung an gestörten Proben vorgenommen wird, d. h. daß sich das Substrat in seiner natürlichen Position am Hang anders verhalten kann (SELBY 1982). Diese Beobachtungen wurden auch in Rheinhessen gemacht. So verweisen KRAUTER et al. (1983) sowie ROSENTHAL et al. (1988) darauf, daß die Labormessungen für die Scher-

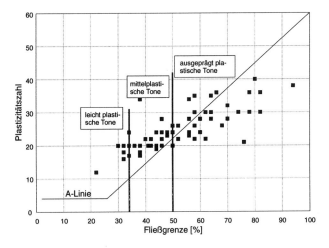

Abb. 7: Diagramm nach CASAGRANDE für die Meßwerte der Rutschung am Jakobsberg bei Ockenheim. Datenquelle: LAUBER (1941).

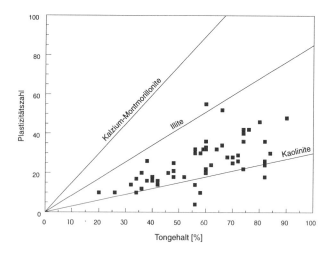

Abb. 8: Aktivitätszahlen der tertiären Tone an der Rutschung am Jakobsberg. Datenquelle: LAUBER (1941), Grenzlinien nach SKEMPTON (1964).

festigkeit meist deutlich höhere Werte liefern als die durch Rückrechnung erhaltenen. So zeigt auch die Analyse der Rutschungsdatenbank LDBII (vergl. Kapitel 3.7.4.1), daß sich Massenbewegungen z.T. schon bei 5-6° Neigung ereignen. Dies sind Werte, die bisher in keinem Laborversuch gemessen wurden. Basierend auf 43 Kastenscherversuchen gibt STEINGÖTTER (1984) einen mittleren Wert von 16° für den inneren Reibungswinkel an, ein Wert über dem in der Regel in Rheinhessen kaum Rutschungen stattfinden. Der von MATTHESIUS (1994) angegebene Mittelwert seiner Messungen von 17.45° liegt sogar noch höher. Oft sind auch die berechneten Restscherfestigkeiten nicht niedrig genug, um das Auftreten von Rutschungen zu erklären. So vermuten KRAUTER et al. (1983), daß außer dem Gleitprozeß im Material zusätzlich noch ein Gleiten auf einem Wasserfilm stattfindet, der sich u. U. seinen Weg durch Schrumpfungsrisse in den quellfähigen Tonen und Mergeln bahnt.

Aufgrund der bodenmechanischen Kenngrößen, welche in der Literatur zu finden sind, lassen sich die tertiären Tone und Mergel Rheinhessens als mittelplastische bis ausgeprägt plastische Tone charakterisieren. Es handelt sich um überkonsolidiertes, d.h. vorbelastetes Material.

3.7 GIS-gestützte Modelle zur Abschätzung der räumlichen Disposition für Rutschungen

Ziel der Arbeiten in Rheinhessen ist es, die räumliche Auftrittswahrscheinlichkeit von Rutschungen aufgrund geomorphometrischer und lithostratigraphischer Faktoren zu erfassen. Der Zielmaßstab der Arbeit ist regional zu sehen, d.h. es wurde angestrebt, möglichst allgemeingültige Aussagen für den gesamten rheinhessischen Raum zu treffen. Ein wesentlicher Gedanke ist dabei, das Relief in seiner topographischen Ausprägung als Steuerfaktor heranzuziehen. Der räumliche Maßstab, in dem diese Bewertung vorgenommen wird, spielt hierbei eine zentrale Rolle. Es wird nicht angestrebt eine parzellenscharfe Modellierung der Hangstabilität vorzunehmen, sondern eine auf der regionalen Verbreitung der steuernden Faktoren basierende Karte der Hangrutschungsgefahr zu erarbeiten.

Die von KRAUTER & STEINGÖTTER (1983) im Maßstab 1:50.000 publizierte Karte der Hangstabilität des linksrheinischen Mainzer Beckens bietet eine interessante Vergleichsmöglichkeit der Bewertung der Hangstabilität aufgrund geologischer Kartierung und Geländeerfahrung mit geostatistichen Methoden bzw. Methoden der Geoinformatik.

3.7.1 Methodische Konzeption

Die methodische Konzeption der vorliegenden Arbeit folgt einem räumlich-statistischen Ansatz, der als Gegensatz zu analytischen, also hangspezifischen Ansätzen (s. Kapitel 2) verstanden werden soll. Die meisten der aktuellen Übersichtsaufsätze (HUTCHINSON 1994) betonen jedoch die Notwendigkeit, den regionalen Ansätzen durch die Einbeziehung geotechnischer Parameter und stochastischer Modelle einen stärkeren Bezug zum Prozeß am Hang zu verleihen. Darunter versteht er eine stärkere Verknüpfung geotechnischer und regional-geomorphologischer Modelltypen. Beispielhaft wurde dieses in Hongkong angewandt, wo aus der Hangneigung, einer morphographisch-genetischen Geländeansprache und der Klassifizierung erkennbarer Instabilitäten geomorphologische Geländeeinheiten *(geomorphological terrain units)* gebildet werden, welche die Grundlage für eine rechtsverbindliche Kartierung und geotechnische Erkundung für potentielle Bauvorhaben bilden (STYLES & HANSEN 1989). In der vorliegenden Arbeit wird soweit wie möglich versucht, bodenmechanische Information durch Kategorisierung geologischer Karten in die räumliche Modellierung mit einzubauen. Die zur Verfügung stehenden Daten bereiten diesbezüglich jedoch einige Probleme, die in den nächsten Kapiteln beschrieben werden.

3.7.2 Modellentwicklung

Die Modellentwicklung, d.h. die Auswahl der Faktoren, welche die räumliche Verteilung der Rutschungen hinreichend erklären können, erfolgt mittels einer kategorialen Datenanalyse. Informationen in einem GIS können als kontinuierliche Werte vorliegen, wie z.B. ein Digitales Geländemodell, oder als kategoriale, d.h. in Klassen eingeteilte Datenschichten. Eine digitalisierte Geologische Karte stellt beispielsweise eine solche Datenschicht dar. Im Kapitel zum Forschungsstand wurde ausgeführt, daß viele GIS-gestützte bzw. statistische Ansätze zur Erstellung von Gefahrenkarten versuchen, möglichst viele Variablen in einem Modell zu integrieren. Der Anwendung dieser Modelle steht oft die Erhebung der in großer Zahl benötigten Variablen bzw. Faktoren entgegen. Die hier vorgestellte Methode zur Ableitung der Gefahrenkarten für die Fallstudien Rheinhessen und Tully Valley versucht, einen anderen Weg aufzuzeigen. Sie geht zurück auf Methoden, welche ursprünglich aus den Sozialwissenschaften kommen bzw. aus anthropogeographischen Fragestellungen abgeleitet wurden. Im Bereich der Ableitung von Gefahrenkarten für Massenbewegungen haben SHU-QUIANG & UNWIN (1992) diese Methode erfolgreich angewandt. Ein weiteres Beispiel im physisch-geographischen Bereich in Verbindung mit einem GIS findet sich bei LUDEKE et al. (1990), die mit Hilfe dieser Methode die Ursachen der Entwaldung in Honduras untersuchen. Sie ist dann anwendbar, wenn die zu erklärende Variable nur eine beschränkte Anzahl von Ausprägungen annehmen kann. Im Falle von Massenbewegungen ist dies z.B. dann gegeben, wenn das Auftreten eines Prozesses kartiert wurde. Diese räumliche Inventarisierung kann in einem statistischen Modell als abhängige Variable behandelt werden, deren Ausprägung nur zwei Werte annehmen kann (Prozeß vorhanden/ Prozeß nicht vorhanden). Die unabhängigen Variablen, also die Faktoren, von denen angenommen wird, daß sie den Prozeß bzw. die räumliche Verteilung des Prozesses steuern, können sowohl als kontinuierlich, metrisch oder ordinal skalierte Variablen als auch als kategoriale auftreten. So können wir die Einheiten einer Geologischen Karte in einem Bewertungsmodell z.B. in verschiedene Stufen bzgl. ihrer hydraulischen Leitfähigkeit einordnen. Die Hangneigung kann beispielsweise als kontinuierlicher Parameter in das Modell einfließen oder, wenn festgestellt wurde, daß bestimmte Hangneigungsklassen durch verstärkte Rutschungsaktivität auffallen, als kategorisierter Faktor.

3.7.3 Regressionsmodelle für kategoriale Daten

An dieser Stelle soll kurz auf einige theoretische Überlegungen eingegangen werden, die zur Ableitung von Wahrscheinlichkeitsmodellen für kategoriale Daten führen. Diese sind sehr ausführlich bei BAHRENBERG et al. (1992) oder bei CLARK & HOSKING (1986) erläutert, weshalb hier nur die wichtigsten Gleichungen wiedergegeben werden. Die Notation folgt dabei BAHRENBERG ET AL. (1992). Bei einer binären bzw. kategorisierten abhängigen Variablen kann keine gewöhnliche lineare Regression durchgeführt werden, da die Varianzen der Fehler für jedes x nicht konstant sind (BAHRENBERG ET AL. 1992). Dieses Problem kann dadurch gelöst werden, daß man für die Regressionsfunktion, die auch als Wahrschein-lichkeitsmodell bezeichnet werden kann, folgende Form wählt (Gl. 4).

$$p_{1j} = \frac{e^{\alpha + \beta_{xj}}}{1 + e^{\alpha + \beta_{xj}}} \qquad \text{(Gl. 4)}$$

mit

p_{1j} = Wahrscheinlichkeit, daß die abhängige Variable Y bei der Ausprägung der unabhängigen Variablen $X=x_j$ den Wert 1 annimmt

α, b = Regressionsparameter

Um eine lineare Regressionsrechnung durchführen zu können, kann folgende Umformung der Gleichung vorgenommen werden (Gl. 5):

$$\frac{p_{1j}}{p_{0j}} = \frac{p_{1j}}{1-p_{1j}} = e^{\alpha + \beta x_j} \qquad \text{(Gl. 5)}$$

Durch Bildung des natürlichen Logarithmus ergibt sich

$$l_j = \ln\frac{p_{1j}}{p_{0j}} = \ln\frac{p_{1j}}{1-p_{0j}} = \alpha + \beta x_j \qquad \text{(Gl. 6)}$$

wobei l_j als der Logit bezeichnet wird, der jetzt eine lineare Funktion von X ist. Somit kann ein lineares Regressionsmodell berechnet werden, das man als lineares Logit-Modell bezeichnet. Dadurch kann l_j nur Werte zwischen 1 und 0 annehmen. Die obigen Ausführungen gelten für den speziellen Fall einer dichotomen (binären) abhängigen Variablen und mehrerer metrisch skalierter unabhängiger Variablen. Für den Fall, daß die unabhängigen Variablen ebenfalls kategorial vorliegen, gelten im Prinzip dieselben Überlegungen (BAHRENBERG et al. 1992), weshalb hier auf die Darstellung der Ableitung verzichtet wird.

3.7.4 Erstellung der Datengrundlage für die logistische Regression

Vor der Berechnung eines Wahrscheinlichkeitsmodells steht die Erstellung einer Datenbasis. Das Ziel ist es, die räumliche Verteilung der Wahrscheinlichkeit des Auftretens von Massenbewegungen an jeder Lokalität im Untersuchungsgebiet als Funktion der verantwortlichen Faktoren abzuschätzen. Die abhängige Variable ist durch die räumliche Verteilung bereits vorhandener Rutschungen gegeben. Die potentiell verantwortlichen Faktoren werden als unabhängige Variablen betrachtet. Wie bereits erwähnt, wird in dieser Arbeit besonderes Augenmerk auf die Erklärungsfähigkeit reliefgeometrischer Faktoren gelegt, die aus Digitalen Höhenmodellen unterschiedlicher Auflösung abgeleitet wurden. In den folgenden Unterkapiteln werden die Erstellung der Datengrundlage und die dabei durchgeführten Analysen beschrieben.

3.7.4.1   Rutschungsinventarisierung und Rutschungstypen

Die wichtigste Datengrundlage für die Ableitung eines regionalen Modells stellt die Kenntnis vorhandener Rutschungen dar. Eine Inventarisierung kann sogar schon als einfache Stufe einer Gefahrenkarte angesehen werden (s. Kapitel 2). Für die Aufnahme bzw. Kartierung von Massenbewegungen wurden in den letzten Jahren mehrere Konzeptionen veröffentlicht (z.B. KIENHOLZ 1977, MENEROUD & CALVINO 1976). Welche Methode letztlich für die eigene Arbeit angewendet werden kann, hängt von verschiedenen Faktoren ab.

Das Rutschungsinventar, das für die vorliegende Arbeit benutzt wird, wurde vom Geologischen Landesamt Rheinland-Pfalz nach dem Großereignis an der Jahreswende 1981/82 erstellt (GEOLOGISCHES LANDESAMT 1983). Der Aufnahme und Kartierung lag der in Anhang A enthaltene Aufnahmebogen zugrunde, in dem jedem Rutschgebiet eine individuelle Inventarnummer zugeordnet ist.

Zu jedem Erfassungsbogen liegt weiterhin ein Lageplan im Maßstab 1:1000 vor. Die Rutschungen sind zusätzlich in die Grundkarte 1:5000 (DGK5) übertragen. Die in die DGK5 eingezeichneten Rutschungen wurde mit Hilfe eines GIS digitalisiert. Dieses digitale Rutschungsinventar stellt die räumliche Datenbasis für die Gefahrenmodellierung dar (s. Abb. 9).

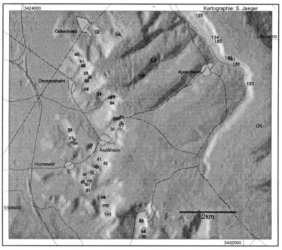

Abb. 9:   Digitalisiertes Rutschungsinventar (Ausschnitt)

Es enthält ca. 200 Einzelobjekte, welche über die Inventarnummer individuell abgefragt werden können. Diese Nummer ist mit der Inventarnummer der alphanumerischen Datenbank identisch, so daß jederzeit der direkte Bezug zu weiteren

Informationen aus der Kartierung gegeben ist. Die bei der Kartierung durch das GLA vorgenommene Unterteilung der Rutschungen in Kerngebiet und Randgebiet wird bei der Modellierung nicht berücksichtigt, da eine klare Abgrenzung oft nicht möglich war. Bei der Formulierung der Hypothesen wurde auch davon ausgegangen, daß bei dem angestrebten Maßstab eine weitere Unterteilung des Rutschkörpers zu Flächengrößen führt, die zu klein sind, als daß sie eine vernünftige Interpretation der statistischen Ergebnisse zulassen würden.

Mit der Datenbank (als LDBII bezeichnet) konnten auch erste Analysen bezüglich des Typs der Massenbewegungen vorgenommen werden. Diese wurden anhand des Tiefe/Länge-Verhältnisses (D/L-Verhältnis) nach SKEMPTON & HUTCHINSON (1969) vorgenommen. Mit Hilfe dieses Kennwertes werden flachgründige und tiefgründige Rutschungen voneinander unterschieden. Abb. 10 zeigt die Verteilung dieses Wertes für die Rutschungen des Ereignisses 1981/82. Weiterhin sind in derselben Abbildung die maximalen Tiefen der Gleitflächen dargestellt.

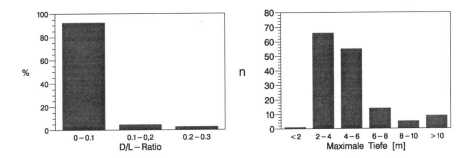

Abb. 10: D/L-Verhältnis der Rutschungen des 1981/82er Ereignisses (links) und die Verteilung der maximalen Tiefe der Gleitfläche. Datenquelle: Geologisches Landesamt Rheinland-Pfalz.

Das Diagramm zeigt, daß es sich bei dem Großteil der Massenbewegungen um sehr flachgründige Prozesse handelt, die als Translationsrutschungen bezeichnet werden können. Nur wenige Rutschungen haben tiefgreifende Gleitflächen. Bei diesen handelt es sich vermutlich um bereits im Pleistozän angelegte Gleitflächen (STEINGÖTTER 1984). Sehr tiefreichende Bewegungen finden sich z.B. am Wißberg bei Gaubickelheim.

3.7.4.2   Geologische Karten

Wie bereits oben ausgeführt, stellen neben einem Rutschungsinventar Informationen über den geologischen Untergrund die wichtigste Datenquelle bei der Bewertung der Rutschungsgefährdung dar. In aller Regel sind diese auf Geologischen Karten wiedergegeben. Für das Untersuchungsgebiet liegen die in Abb. 11 gezeigten Geologischen Karten im Maßstab 1:25.000 vor.

Diese Karten wurden mit Hilfe des GIS digitalisiert, beginnend im Projekt EPOCH und weitergeführt im Projekt MABIS (Massenbewegungen in Süddeutschland). Ein Problem bestand darin, daß bei der Kartierung der Karten nicht nach einer einheitlichen Legende vorgegangen wurde. Bestimmte Einheiten in den älteren Karten sind zeitlich anders eingeordnet, da spätere paläontologische und stratigraphische Befunde eine teilweise Neueinordnung notwendig machten (s. auch ROTHAUSEN & SONNE 1984). Gemäß der methodischen Konzeption der Arbeit war es erforderlich, die digitalisierten Einheiten in sinnvolle Kategorien einzuteilen. Bezüglich des Massenbewegungsprozesses wurde zunächst die Strategie verfolgt, die Kategorisierung anhand bodenmechanischer Eigenschaften der einzelnen geologischen Schichten vorzunehmen. Konventionelle geologische Karten enthalten gewöhnlich nur sehr grobe Informationen über solche Eigenschaften, was ihre praktische Anwendbarkeit erheblich einschränkt. Es wurde daher versucht, aus den Beschreibungen der lithologischen Eigenschaften, die in der Literatur und in den Karten vorhanden sind, eine Klassifizierung vorzunehmen, welche die relative Größenordnung wichtiger geotechnischer Eigenschaften widerspiegelt. Dazu zählen Plastizitätseigenschaften der Substrate und eine grobe Abschätzung des inneren Reibungswinkels. Generell wären derartige Beschreibungen auf geologischen Karten wünschenswert. Beispielhaft wurde dies von WENTWORTH ET AL. (1985) durchgeführt. Da für das Untersuchungsgebiet Rheinhessen nur relativ wenig Informationen bzw. Meßdaten zu diesen Parametern vorliegen, war nur eine sehr subjektive Beurteilung möglich, welche vorrangig an der lithologischen Charakterisierung der Einheiten in den geologischen Karten ausgerichtet ist. Die Einstufung gliederte sich in zwei Stufen. Zunächst wurden sämtliche verfügbaren Karten und ihre Legenden gemäß Tab. 4 zusammengefaßt. Diese Einheiten wurden dann nach Tab. 5 gruppiert.

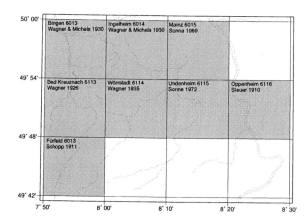

Abb. 11: Vorhandene und digitalisierte Geologisch Karten im Maßstab 1:25000 für Rheinhessen.

Tab. 4: Zusammenschau der Legendenbezeichnungen in den vorliegenden geologischen Karten

Periode	Geologische Karte		Legendeneinheiten	Lithostratigraphische Einordnung
Holozän	Bingen	6013	as, a	Talauenbereiche
	Ingelheim	6014	as, a	Schwemmfächer
	Mainz	6015	Z, f2, f1Rh, R, Y	Rutschungen
	Bad Kreuznach	6113	as, a, ask, aPs	Auffüllungen
	Wörrstadt	6114	al, a	
	Undenheim	6115	qhL, qr	
	Oppenheim	6116	al, q	
	Kriegsfeld	6213	XX, a	
Holozän/ Pleistozän	Bingen	6013	dl/dgaKa, dl/gda, dl/dgv, dsa, dsv, dl/o, dlT, dlq, dl	Überschlickte Niederterrassen, Gehängeschutt
	Ingelheim	6014	dl/dha, dldga, dsa/b, ds	Flugsande
Pleistozän	Bingen	6013	dg.., dlö, dlö/pK	Niederterrassenschotter
	Ingelheim	6014	dg.., dlö, dl, dlö/om2dlöK, dlT, dB	Hochterrassen,
	Mainz	6015	G, t3, Lös, Lö, Sd	Hauptterrassen,
	Bad Kreuznach	6113	dg.., dlö, dl/P, dl/o	Löß, Flugsande
	Wörrstadt	6114	dg..	
	Undenheim	6115	qp G, qp Lö, qp, Sl	
	Oppenheim	6116	du, dlö, dl, do/dm, do/ds	
	Kriegsfeld	6213	dk1, dl, dlh	
Pliozän	Bingen	6013	P, v	Pliozäne Kiese und Sande,
	Ingelheim	6014	P, Pb	Bohnerzton, avernensis-
	Mainz	6015	V, S, Tec	Schotter, Dinotheriensand
	Bad Kreuznach	6113	tp	
	Wörrstadt	6114	p, pB	
	Undenheim	6115	pl, plTec, plAq3	
	Oppenheim	6116	tp	
	Kriegsfeld	6213	tp	
Miozän	Bingen	6013	miu3, miu2	Hydrobienschichten
	Ingelheim	6014	miu3, miu2, miu1	Corbiculaschichten
	Mainz	6015	miu2, miu1	Cerithienschichten
	Bad Kreuznach	6113	tmu	
	Wörrstadt	6114	miu2	
	Undenheim	6115	Aq3, Aq2	
	Oppenheim	6116	tmu2	
Oligozän	Bingen	6013	oo2, oo2a, oo1, om2, om2a, om1, om1a	Süßwasserschichten
	Ingelheim	6014	oo2, oo2a, oo1, om2, om1	Milchquarze
	Mainz	6015	olo3, olo3u, olo2, olo1, olm2, olm1	Cyrenenmergel
	Bad Kreuznach	6113	too2, too2a, too1tom2, tom2a, tom2_, tom1, tom1a, tom1_	Schleichsand Rupelton
	Wörrstadt	6114	oo2, oo2a, oo2k, oo2s, oo1, om2/s, om1	
	Undenheim	6115	Aq1, olo2, olo1, olm2, olm1(o), olm1(m), olm1(u)	
	Oppenheim	6116	tmu1, tolo, tolm2, tolm1	
	Kriegsfeld	6213	tmu, tolo	
Rotliegendes	Bingen	6013	XX	Quarzporphyr Melaphyr
	Mainz	6015	ro	Oberrotliegendes
	Bad Kreuznach	6113	P, ro1, ro2	Mittleres Rotliegendes
	Undenheim	6115	ro, ru	Unterrotliegendes
	Oppenheim	6116	ro	
	Kriegsfeld	6213	M, P, Pß, rm1, rm2	
Devon			ungegliedert	

Tab. 5: Gruppierung der geologischen Einheiten zu Klassen ähnlichen bodenmechanischen Verhaltens

Legendeneinheiten	Geotechnische Einordnung	Kategorie
Terrasseneinheiten, Flugsande, Kieseloolithschotter, avernensis-Schotter, Dinotheriensande, Weisenauer Sande	Kiese und Sande mit hoher Durchlässigkeit	1
Hydrobienschichten, Corbiculaschichten,	Kalksteine mit hoher Durchlässigkeit (Stufenbildner)	2
Obere Cerithienschichten, div. Lößeinheiten, Bohnerztone,	Kalkmergel, Lößbedeckung, Kolluvien, mittlere Durchlässigkeit	3
Untere Cerithienschichten, Süßwasserschichten, Cyrenenmergel, Schleichsand, Rupelton	Mergel, Tone, Tonmergel, Mergel mit Sandlagen, geringe bis mittlere Durchlässigkeit, mittelplastische Tone, geringe Scherfestigkeit	4
Rutschflächen	Vorbelastung, d.h. geringe Restscherfestigkeiten	4
Aufschüttungen, Devon, Rotliegendes		nicht im Modell integriert, da zu geringe Verbreitung

3.7.4.3 Relief bzw. Geomorphographie

Der Einfluß des Reliefs auf den Massenbewegungsprozeß wird schon bei der Betrachtung verschiedener Ansätze zur Stabilitätsberechnung im Hangmaßstab deutlich. Beim schon erwähnten *infinite-slope-model* (Kapitel 1) ist das Relief durch die Hangneigung parametrisiert, während bei komplexeren Stabilitätsmodellen indirekt die Hanghöhe und -wölbung durch Annahme komplexer Gleitflächen mit berücksichtigt werden (z.B. bei der Lamellenmethode). Auch in vielen empirischen Ansätzen zur Bewertung der Hangrutschungsanfälligkeit im regionalen Maßstab spielt das Relief, meist in Form der Hangneigung, eine zentrale Rolle. Bei einer Vielzahl weiterer geomorphologischer Prozesse kommt dem Relief eine wichtige steuernde Funktion zu (s. JÄGER 1993). DIKAU (1993) hat eine umfassende Übersicht geliefert. Weiterhin haben vorausgehende Arbeiten in Rheinhessen gezeigt, daß die Einbeziehung geomorphometrischer Parameter erfolgreich für die Beurteilung der Rutschungsgefährdung eingesetzt wurde (DIKAU 1990a, PÜSCHEL 1991, KEIL 1994). Mit Digitalen Höhenmodellen bietet sich die Möglichkeit, die Reliefgeometrie großflächig im Computer abzubilden. Berechnungsverfahren zur Ableitung weiterer Parameter aus Digitalen Höhenmodellen gehören heute zu den Standardfunktionen Geographischer Informationssysteme. Die Reliefparameter, die in der vorliegenden Arbeit Anwendung finden, wurden alle mit Hilfe des Digitalen Geomorphographischen Reliefmodells Heidelberg, DGRM (s. Einleitung) berechnet (Abb. 12). Vom Autor programmierte Schnittstellen ermöglichen den Datentransfer zum Geographischen Informationssystem GRASS (WESTERVELT 1991), mit dem die Datenanalyse erfolgte.

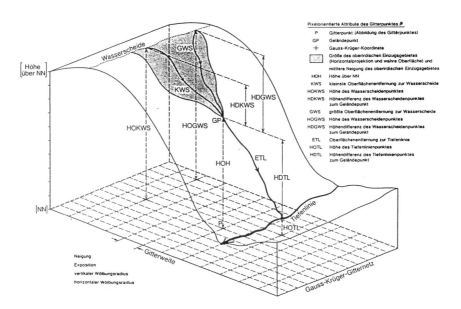

Abb. 12: Geomorphometrische Parameter des Digitalen Geomorphographischen Reliefmodells Heidelberg (aus DIKAU 1989).

GRASS ist ein rasterbasiertes GIS (BURROUGH 1986), das die Verarbeitung sehr großer Datenmengen erheblich vereinfacht. Bei der Auswahl der zu verwendenden Faktoren für das Wahrscheinlichkeitsmodell wurde sowohl auf die Ergebnisse bisheriger Untersuchungen zurückgegriffen als auch neue Tests durchgeführt. Für die Untersuchungen standen ein 20m- und ein 40m-Höhengitter des Landesvermessungsamtes Rheinland-Pfalz zur Verfügung. Während das 20m-Modell aus digitalisierten Isohypsen interpoliert wird, entsteht das 40m-Modell bei der Produktion von Orthophotokarten. Die Höhenmodelle sind z.T. mit erheblichen Fehlern belastet, die besonders beim 40m-Modell auftreten.

3.7.4.4 Auswahl der Reliefparameter für das Gefahrenmodell

Für die Auswahl der geomorphometrischen Parameter wurden beide Auflösungen des Höhengitters angewandt und zunächst mit dem DGRM die Reliefattribute berechnet und ins GIS überführt. Aus der Vielzahl der Reliefparameter wurden diejenigen ausgewählt, von denen angenommen werden kann, daß sie eine Rolle beim Massenbewegungsprozeß spielen und die durch das DGRM berechnet werden bzw. durch Verwendung des GIS aus ihnen abgeleitet werden können. Dazu gehören die Hangneigung, der vertikale und horizontale Wölbungsradius und die relative Hangposition bezogen auf die Hanghöhe.

3.7.4.4.1 Hangneigung

Die wichtige prozeßgeomorphologische Bedeutung der Hangneigung wurde bereits erwähnt. Auch die Analyse der Rutschungsdatenbank (s.o.) zeigt, daß die meisten der Rutschungen innerhalb eines sehr eng begrenzten Intervalls vorkommen. Es ist verständlich, daß die ersten Versuche zur automatischen Berechnung geomorphometrischer Parameter auf dieses Landschaftsmerkmal zielten (EVANS, 1972). Es existieren verschiedene Verfahren zur Berechnung der Hangneigung aus einem regelmäßigen Höhengitter. Das in dieser Arbeit angewandte basiert auf der Berechnung des Gefälles für den Mittelpunkt einer 3x3 Gitterpunkte umfassenden Matrix zum tiefsten der acht Nachbarn. Diese Berechnung wird in einem GIS bzw. im DGRM nacheinander für jeden Gitterpunkt durchgeführt. Es ist klar, daß die berechneten Hangneigungswerte sehr stark von der Auflösung des Höhengitters abhängen. Allgemein gilt die Regel, daß mit gröberem Gitter ein Verflachungseffekt eintritt, d.h. mikroskalige Steilheiten werden mit zunehmender Vergröberung des Gitters nicht im Neigungsmodell abgebildet. Bei der Analyse der Daten wurde darauf abgezielt, die Inventarisierung des Geologischen Landesamtes Rheinland-Pfalz soweit wie möglich bei der Faktorenauswahl heranzuziehen. Da im Inventar auch Hangneigungen erfaßt sind, wurde im Hinblick auf die methodische Konzeption versucht, eine begründbare Klassifizierung der Hangneigung vorzunehmen und die Hangneigung nicht als kontinuierlichen Wert in das Modell zu integrieren. Diese Klassifizierung sollte jedoch nicht subjektiv erfolgen, sondern einen Bezug zur beobachteten Streuung der Daten haben. Als geeignetes Verfahren erscheint hierbei die Failure-Rate-Methode nach ANIYA (1985). Dabei wird der relative Anteil jedes Faktors auf Rutschflächen (RA_R) durch den relativen Anteil des selben Faktors im Gesamtgebiet (RA_G) dividiert (s. Gl. 7).

$$FR = \frac{RA_R}{RA_G} \qquad \text{(Gl. 7)}$$

Werte über eins zeigen somit einen verstärkten Einfluß eines Faktors auf den Massenbewegungsprozeß an. Statistisch betrachtet kann man das auch als Wahrscheinlichkeitsmodell bezeichnen. Die reine Häufigkeitsverteilung eines Faktors innerhalb der Rutschflächen allein kann jedoch noch kein Indiz sein, da die Verteilung im Gesamtgebiet gleich sein kann, er also innerhalb von Rutschungsarealen gar nicht überrepräsentiert ist, eine Tatsache, die oft übersehen wird. Im vorliegenden Fall wurde zunächst die Rutschungsdatenbank auf die Verteilung der Hangneigung untersucht. Diese wurde verglichen mit der aus den 20-m- und 40-m-DHMs berechneten Hangneigung, um sinnvolle Klassen zu bilden, bzw. um überhaupt festzustellen, ob die Hangneigung eine potentielle Erklärungsfähigkeit hat. Die Hangneigungswerte aus der Rutschungsdatenbank LDBII verteilen sich wie folgt (Abb. 13).

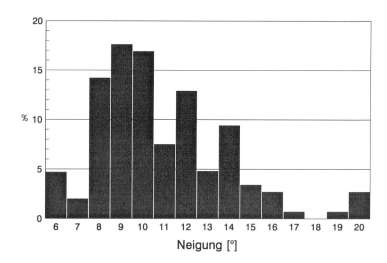

Abb. 13: Verteilung der Hangneigungsstufen in Rutschungen aus der Rutschungsdatenbank des Geologischen Landesamtes Rhld.-Pf.

Die Abb. zeigt eine starke Konzentration von Rutschungen im Hangneigungsbereich zwischen 6 ° und 12 °. Es wird deutlich, daß die Restreibungswinkel aus Laborversuchen (s. Kap. 3.6) z.T. weit unterschritten werden. Dies kann als Indiz für die oben angeführte Theorie des Gleitens auf einem Wasserfilm gesehen werden.

Weiterhin wurde auch die Hangneigungsverteilung der aus dem DGRM bzw. mit dem GIS berechneten Werte auf ihre Verteilung untersucht. Dazu wurde ein Gebiet gewählt, das möglichst alle verfügbaren digitalisierten Massenbewegungen sowie das 20-m- und 40-m-Höhenmodell umfaßt. Für die unklassifizierten Hangneigungswerte ergab sich folgende Verteilung, wobei der Vergleich für die Punkte im 40 m-Abstand durchgeführt wurde (insgesamt 193.000 Gitterpunkte) (Abb. 14).

Zunächst wird ersichtlich, daß die flachen Bereiche den überwiegenden Teil des Untersuchungsgebietes ausmachen, was daran liegt, daß hier auch große Teile der Rhein- und Naheterrassen sowie der Plateaubereiche enthalten sind. Große Hangneigungswerte beschränken sich auf die Ober- und Mittelhänge der Schichtstufe und erreichen Werte bis maximal 35°. Das 20-m-DHM unterscheidet sich dabei nur unwesentlich vom 40-m-DHM. Insbesondere bei den Hangneigungswerten über 10 wird eine leichte Tendenz dahingehend erkennbar, daß das 20-m-DHM höhere Werte liefert als das 40-m-DHM, eine direkte Folge der Auflösung des Höhenmodells.

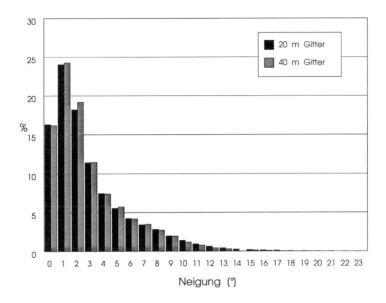

Abb. 14: Hangneigungsverteilung der 20 m und 40 m DHMs (alle Gitterpunkte).

Weiterhin wurde die Verteilung der Hangneigungsstufen innerhalb der Rutschareale untersucht, um sie zum einen mit der Rutschungsdatenbank zu vergleichen und zum anderen zur Berechnung der Failure-Rate. Innerhalb der digitalisierten Rutschareale ergab sich folgende Verteilung (Abb. 15).

Die Verteilung in dieser Abbildung weist starke Ähnlichkeiten mit der Verteilung der Hangneigungswerte in der Rutschungsdatenbank auf. Es werden jedoch auch Neigungswerte unter 4 aufgeführt. Diese müssen auf die Ungenauigkeit des Höhenmodells zurückgeführt werden. Auch hier zeigen die beiden Gitterauflösungen keine wesentlichen Unterschiede auf. Der Großteil der Rutschungen liegt in einem Bereich um 10°. Es wurden nun verschiedene Klassifizierungen der DHM-Neigungskarte vorgenommen, um eine sinnvolle Klasseneinteilung für die Modellentwicklung zu finden, d.h. Klassen, die sich bezgl. der Failure-Rate möglichst deutlich unterscheiden. Als beste Einteilung hat sich die in Tab. 6 aufgeführte erwiesen. Die beiden verwendeten Gitterweiten zeigen dabei keine wesentlichen Unterschiede. Aus den Werten läßt sich schließen, daß allein die Hangneigung schon ein sehr guter Indikator für die räumliche Verteilung der Gefährdung darstellt, da jeweils mehr als 90 % der Rutschungen in das Intervall zwischen 7° und 15° fallen. Diese Klasse entspricht im übrigen genau der Mittelgebirgsklassifikation der Hangneigung aus der Legende der GMK25 (STÄBLEIN 1980).

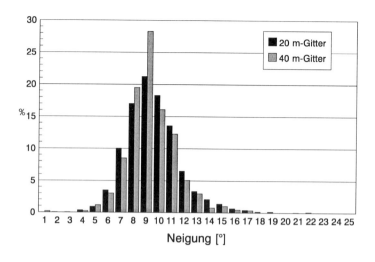

Abb. 15: Hangneigungsverteilung der DHMs innerhalb der Rutschareale.

Tab. 6: Hangneigungsklassen und dazugehörige failure-rate-Werte, die für das logistische Regressionsmodell angewandt wurden

Hangneigungsstufe	Fläche Gesamtgebiet %		Fläche Rutschgebiete %		Failure Rate	
	20m	40m	20m	40 m	20 m	40 m
< 7 °	87.29	88.47	4.95	4.63	0.05	0.05
7-15°	12.03	11.30	93.52	94.55	7.75	8.55
> 15 °	0.68	0.23	1.52	0.82	2.24	3.57

3.7.4.4.2 Vertikal- und Horizontalwölbung

In den bisherigen Fallstudien, die für Teilgebiete in Rheinhessen vorliegen (DIKAU 1990a, PÜSCHEL 1991, KEIL 1994), wurde jeweils die Wölbung in ihrer vertikalen (in Richtung des Hanggefälles) und ihrer horizontalen (Krümmung der Höhenlinien) Ausprägung als Kriterium für die Ableitung von Gefahrenmodellen herangezogen. Die Hypothesen, die dieser Tatsache zugrundeliegen, basieren auf zahlreichen Publikationen, in denen der Konzentration des oberflächlichen Abflusses eine wesentliche Rolle beim Aufbau kritischer Porenwasserdrücke beigemessen wird. Auch in der Legende der Geomorphologischen Karte der Bundesrepublik Deutschland wird die Wölbung durch Wölbungslinien dargestellt, welche die Leitlinien des

Reliefs darstellen. Es erscheint also sinnvoll, auch bei der Ableitung eines regionalen Modells zur Hangrutschungsgefährdung diesen Faktor mit einzubeziehen.

Bei der Ableitung der Gefahrenkarte von DIKAU (1990a) für ein 12 km^2 großes Testgebiet um Aspisheim ergab sich für ein aus vertikaler und horizontaler Wölbungstendenz gebildetes Formelement (s. Abb. 16) mit konkaver Vertikalwölbung und konvexer Horizontalwölbung die höchste Failure-Rate innerhalb der Wölbungsparameter. Die Wölbungstendenz wird durch die Klassifizierung der Wölbungsradien in drei Stufen eingeteilt, *konkav, konvex* und *gestreckt*. DIKAU hat dabei als Grenzwert einen Radius von 600 m gewählt, ein aus der GMK-Legende übernommener Wert. Auch KEIL (1994) zieht die Wölbung zur automatisierten Erkennung von Schichtstufenkomponenten heran. KEIL verwendet jedoch für die vertikale und horizontale Wölbung einen unterschiedlichen Grenzwert (vertikal: 900 m, horizontal: 300 m), da sie dadurch die Schichtstufenelemente besser von einander abgrenzen konnte.

Obwohl die Wölbung ein wichtiger geomorphometrischer Parameter bei einer Vielzahl von Prozessen darstellt, fehlt es bisher an systematischen Untersuchungen, wie Digitale Geländemodelle zu dessen Ableitung sinnvoll angewandt werden können, bzw. welche Grenzwerte letztlich sinvoll sind. Es muß davon ausgegangen werden, daß, wie bei der Hangneigung, unterschiedlichen Prozessen jeweils andere Grenzwerte zugeordnet werden müssen. Über dieses Problem hinaus bestehen numerische Probleme bei der Berechnung der Wölbung aus DHMs. Sie wird, mathematisch gesehen, als zweite Ableitung der Höhe definiert, drückt also die Änderung der Neigung bzw. der Exposition aus. Zeigt sich die Neigung jedoch schon relativ empfindlich gegenüber der Auflösung und v.a. der Höhengenauigkeit eines DHMs, so trifft dies in noch stärkerem Maße auf die Wölbung zu, wie im folgenden verdeutlicht werden soll. Zur genaueren Untersuchung dieses Problems wurden die vom DGRM berechneten Wölbungsradien zunächst auf ihre Verteilung überprüft, getrennt für die Vertikal- und Horizontalwölbung (Abb. 17 und 18). Die Wölbungsradien wurden dazu in 100 m-Klassen eingeteilt. Die Verteilungen machen deutlich, daß sich die berechneten Häufigkeiten der Wölbungsradien der zwei Gitterauflösungen teilweise sehr stark unterscheiden. Insbesondere bei der Horizontalwölbung zeigt sich, daß bei den kleinen Wölbungen das 40-m-Gitter kaum in der Lage ist, kleinräumige Änderungen des Reliefs zu erfassen und daß eine Tendenz besteht, das Gelände zu „verflachen" bzw. ihm die Rauhigkeit zu nehmen.

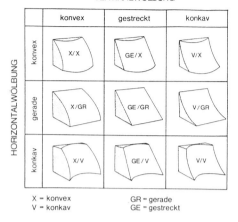

Abb. 16: Aus vertikaler und horizontaler Wölbungstendenz gebildete Formelemente (aus DIKAU 1988).

Das 20-m-Gitter zeigt bei der Horizontalwölbung ein wesentlich differenzierteres Bild. Vor allem treten kleine Wölbungsradien (< 1000 m) wesentlich häufiger auf. Es ist daher davon auszugehen, daß sich das 20-m-Gitter besser zur Erfassung von Hangmulden, in denen sich Wasser sammeln kann, eignet. Bei der Vertikalwölbung fallen diese Unterschiede wesentlich geringer auf, die beiden Verteilungen weisen sehr große Ähnlichkeiten auf. Für die aufgeführten Ergebnisse bezüglich der Wölbung kommen zum einen die verschiedenen Gitterauflösungen als verantwortliche Faktoren in Frage. Andererseits kann aber auch die Methodik der Erstellung der DHMs eine Rolle spielen. Das 20-m-Gitter ist durch die Interpolation digitalisierter Höhenlinien der DGK 1:5000 enstanden, während das 40-m-Gitter bei der Produktion von Orthophotokarten durch einen halbautomatischen Prozeß ensteht. In der Abb. der Vertikalwölbung fallen weiterhin systematische Peaks in der Häufigkeitsverteilung des 40-m-Gitters auf. Diese lassen auf numerische Probleme beim Berechnungsalgorithmus schließen. Trotz der beschriebenen Problematik wurde versucht, die Wölbung in beiden Ausprägungen in die Datenbasis zu integrieren. Dazu wurden nun jeweils die vertikalen und horizontalen Wölbungstendenzen mit verschiedenen Grenzradien berechnet und visuell bewertet.

Die visuelle Bewertung diente dazu, zu entscheiden, bei welchem Grenzwert die entsprechende Ergebniskarte ein Bild ergab, welches der realen Situation im Gelände nahe kam. Der Grenzwert gibt an, ab welchem Wert die Wölbungstendenz als konkav, gestreckt bzw. konvex bezeichnet wird. Für die Vertikalwölbung zeigte sich, daß ein Wert von 600 m sehr gut die Schichstufenkanten bzw. die Übergänge zum Hangfuß nachzeichnet. Bei der Horizontalwölbung werden mit einem Wert von 100 m sehr gut die Tiefenlinienbereiche und Hangsporne nachgezeichnet. Es wurden nun anhand dieser Werte wie bei der Hangneigung die Failure-rate-Werte für jede Wölbungstendenzkategorie berechnet, um einen Eindruck über die Wichtigkeit diese Faktors gewinnen zu können. Diese Analyse wurde auch hier für die zwei Gitterauflösungen vorgenommen (Tab. 7). Hinsichtlich der Werte in der Tabelle ist zu sagen, daß sowohl im 20-m-Gitter als auch im 40-m-Gitter die konkaven Vertikalwölbungen die höchsten Werte aufweisen, a priori also als stärker rutschgefährdet gewertet werden können. Bei der konvexen Wölbung zeigen sich jedoch Unterschiede der beiden Gitterauflösungen. Während das 20-m-Gitter

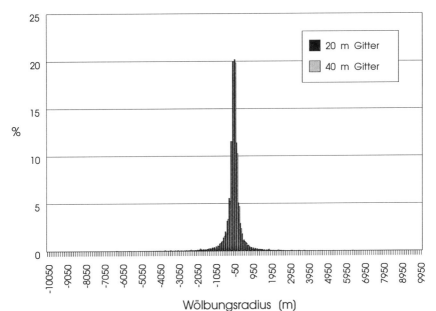

Abb. 17: Verteilung der aus dem DGRM berechneten Vertikalwölbungsradien für das 20 m und 40 m Gitter.

Auf der X-Achse sind jeweils die Klassenmitten der in 100 m-Schritten klassifizierten Wölbungsradien angegeben. Negative Werte bedeuten konkave Wölbung, positive konvexe

einen Wert über eins liefert, liegt das 40-m-Gitter darunter. Dieses Ergebnis ist mit Sicherheit dem oben erwähnten Verflachungseffekt zuzuordnen, der sich besonders in Rutschgelände mit unebener Topographie bemerkbar macht. Die gestreckten

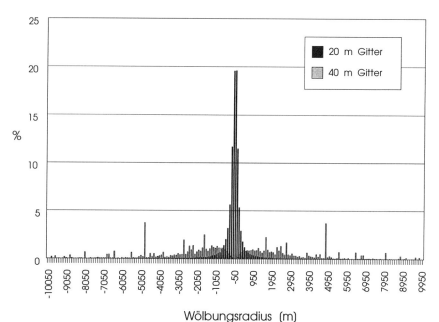

Abb.18: Verteilung der aus dem DGRM berechneten Horizontalwölbungsradien für das 20 m und 40 m Gitter.
Auf der X-Achse sind jeweils die Klassenmitten der in 100 m-Schritten klassifizierten Wölbungsradien angegeben. Negative Werte bedueten konkave Wölbungen, positive konvexe

Hänge verhalten sich mit Werten um 1 neutral. Bei der Horizontalwölbung treten die gewölbten Hänge erstaunlicherweise hinter den geraden zurück. Diese Tatsache ist deshalb verwunderlich, weil im Gelände sehr viele Rutschungen beobachtet werden konnten, welche sich in Hangmulden befinden. Als Ergebnis der Wölbungsuntersuchung muß kritisch gefragt werden, ob die vorhanden Höhenmodelle bzw. Berechnungsalgorithmen in der Lage sind, die Geländesituation sinnvoll abzubilden. Trotz der beschriebenen Problematik wurden die dargestellten Faktorenkategorien in die Modellierung mit einbezogen.

3.7.4.4.3 Hanghöhe bzw. Hangposition

Wie in den Kapiteln zur quartären Reliefentwicklung bereits erläutert, kommt der Reliefgestalt eine wichtige Bedeutung bei der Gliederung einer Landschaft zu. PREUß (1983) verwendet hauptsächlich geomorphometrische Merkmale, um die Hänge Rheinhessens zu gliedern. In der vorliegende Arbeit wird die Hangposition mit Hilfe des Merkmals HDTL (Höhendistanz zur Tiefenlinie) des DGRM (s. Abb. 7) parametrisiert. Es wurden vier Hangpositionen gewählt:

- Oberhang: 100 - 80 %
- Oberer Mittelhang 80 - 50 %
- Unterer Mittelhang 50 - 20 %
- Unterhang 20 - 0 %

Tab. 7: Failure-rate-Werte der Wölbungstendenz für verschiedene Gitterauflösungen

Wölbungstendenz		Fläche Gesamtgebiet %		Fläche Rutschgebiete %		Failure Rate	
		20m	40m	20m	40 m	20 m	40 m
vertikal	konkav	5.14	2.71	13.97	5.66	2.60	2.09
	gestreckt	89.84	94.32	77.73	92.00	0.87	0.98
	konvex	5.03	2.97	8.31	2.34	1.60	0.79
horizontal	konkav	19.56	19.99	9.12	6.17	0.47	0.31
	gerade	60.85	60.17	83.79	88.43	1.38	1.47
	konvex	19.59	19.84	7.08	5.40	0.37	0.26

Die mit dem DGRM berechnete Höhendistanz zur Tiefenlinie hängt natürlich von dem automatisch generierten Tiefenlinien- und Wasserscheidennetz ab. Dieses wiederum ist abhängig vom E_{min}-Wert, welcher festlegt, ab welcher oberirdischen Einzugsgebietsgröße eine Tiefenlinie beginnt. Je größer der E_{min}-Wert, um so kürzer werden die Linien. Gemäß des regionalen Maßstabs, in dem die Untersuchung angelegt ist, wurde ein E_{min}-Wert gewählt, der in etwa die Tiefenlinie einer 1:25.000er Karte nachzeichnet. Dieser Wert liegt bei 50000 m². Da die relative Hangposition nicht direkt im DGRM enthalten ist, wurden mit Hilfe des GRASS-Moduls *r.mapcalc* die absoluten Höhenangaben in relative umgerechnet. Dazu wurde die folgende Regel angewendet:
r.mapcalc hangpos = 100*hdtl / (hdtl-hdgws)'

Auch dieser Wert wurde einer Failure-Rate-Analyse unterzogen. Die Werte sind in Tab. 8 zusammengefaßt.

Die beiden Gitterauflösungen zeigen dabei erwartungsgemäß wenig Unterschiede, da angenommen werden kann, daß die einzelnen Höhenwerte zwar lokal sehr große Fehler aufweisen können, die sich jedoch an einem Hangprofil von mehreren Dekametern Höhe kaum bemerkbar machen. Die geringen Werte für die Oberhänge spiegeln die lithologische Situation der miozänen Kalke, also des Stufenbildners, wider. Abb. 19 (im Anhang) zeigt einen Ausschnitt der Karte der Hangposition. Der Ausschnitt entspricht dem in Abb. 9. Während sich in den flachen Bereichen der Naheniederung sowie des Plateaus numerische Probleme bemerkbar machen, die auf das Verfahren der Berechnung von Tiefenlinien und Wasserscheiden in

Ebenen zurückzuführen sind, zeichnet das Modell an den Hängen sehr gut die Geländesituation nach. Hier enstehen jedoch auch vereinzelt Probleme in den Bereichen, wo Tiefenlinien quer zum Hang verlaufen. Dies ist ebenfalls darauf zurückzuführen, daß die vom DGRM modellierten Tiefenlinien nicht immer der Geländesituation entsprechen. Im regionalen Maßstab gesehen ergibt sich jedoch ein Bild, welches der Realität sehr nahe kommt.

Tab. 8: Failure-rate-Analyse der Hangposition

Hanposition	Fläche Gesamtgebiet %		Fläche Rutschgebiete %		Failure Rate	
	20m	40m	20m	40 m	20 m	40 m
Oberhang	39.57	27.49	11.98	5.99	0.30	0.22
Oberer Mittelhang	14.46	21.35	24.25	40.72	1.68	1.91
Unterer Mittelhang	16.51	24.61	45.51	50.30	2.76	2.04
Unterhang	29.46	26.54	17.96	2.99	0.61	0.11

3.7.5 Aufbau der Datenbasis

In Tab. 9 sind die in den vorangegangenen Abschnitten beschriebenen Datenquellen zusammenfassend dargestellt. In den vorangehenden Kapiteln wurde dargelegt, wie und welche Faktoren zur Berechnung der Gefahrenmodelle ausgewählt wurden. Der Aufbau der Datenbasis (einer Kontingenztabelle) erfolgte nun mittels der beschriebenen Datenkategorien.

Tab. 9: Verwendete Datenquellen für die Berechnung der Gefahrenmodelle

Modellfaktor	Primäre Datenquelle	Sekundäre Datenquelle
Geologische Einheiten	Geologische Karten gemäß Abbildung 11	Digitalisierung in EPOCH-Projekt, Weiterführung im MABIS-Projekt, Kategorisierung leicht verändert nach JÄGER & DIKAU (1994)
Geomorphometrische Parameter	DHM des LVA Rheinland-Pfalz in 20 m- und 40m-Auflösung	Berechnungen mit dem DRMHD
Rutschungsinventar	Rutschungskataster des GLA Rheinland.-Pfalz für das Rutschungsereignis 1981/82	Digitalisierung und Datenbankerstellung im EPOCH-Projekt, teilweise verändert im MABIS-Projekt

Es war zunächst notwendig aus der jeweiligen Gruppe der abhängigen Variablen (gleich große) Stichproben zu ziehen, da sonst eine zu schiefe Verteilung zu Verfälschungen in den berechneten Wahrscheinlichkeitswerten geführt hätte (vgl. hierzu CLARK & HOSKING 1986). Die Frage, die den statistischen Modellen zugrunde liegt, ist, ob ein Zusammenhang zwischen der räumlichen Verteilung der

Rutschungen und den oben gewählten Faktoren besteht. Die Nullhypothese lautet demnach, daß ein derartiger Zusammenhang nicht besteht. Es wurde angestrebt, ein Modell zu finden, das möglichst wenige Faktoren aufweist, aber dennoch vom Anpassungstest nicht zurückgewiesen wird. Die Zufallsstichproben wurden mit dem GRASS-Modul *r.random* vorgenommen, d.h. es wurden Datenschichten erzeugt, welche jeweils nur die Stichprobenpunkte enthalten, alle anderen Raster in der Karte wurden auf Null gesetzt. Mittels des GRASS-Programms *r.stats* kann eine Kontingenztabelle erzeugt werden, die dem Statistischen Analysesystem SAS als Eingabe übergeben werden kann. Dieser Schritt muß nur einmal vollzogen werden, so lange die Klassifizierung der unabhängigen Variablen nicht geändert wird. Die Kontingenztabelle ist in Anhang B aufgelistet. Es wurde nur die Fläche herangezogen, für welche sowohl das 20-m-Gitter als auch die Geologischen Karten vorhanden waren.

3.7.6 Modellergebnisse

Die Berechnung der Modellergebnisse erfolgte mittels der SAS-Prozedur *PROC CATMOD* (SAS INSTITUTE 1989) Die Analysen erfolgten getrennt für das 20 m-DHM (Tab. 10) und das 40 m-DHM (Tab. 11).

Tab. 10: Auflistung der berechneten Modelle zur Ableitung eines räumlichen Gefahrenmodells (40 m-Modell)

Nr.	Faktoren*	LR	Probability	FG	Anpassung
1	GEOL NEI WTH WTV POS	170.88	0.0005	120	nein
2	GEOL NEI WTH*WTV	85.63	0.0601	46	nein
3	NEI POS WTH*WTV	87.40	0.0001	41	nein
4	NEI WTH*WTV	46.29	0.0000	12	ja
5	NEI POS	22.02	0.0005	5	nein
6	NEI POS GEOL	98.28	0.0000	27	ja
7	GEOL WTV|WTH	54.61	0.0000	23	ja
8	NEI GEOL WTH	40.61	0.0027	18	nein
9	NEI GEOL WTV	41.77	0.0067	19	nein
10	WTH WTV	12.54	0.0138	4	nein
11	NEI GEOL	15.07	0.0101	4	ja

* Faktoren: GEOL: Geotechnische Einordnung gemäß Tabelle 5; NEI: Neigungsstufen gemäß Tabelle 6; WTH: Horizontale Wölbungstendenz gemäß Tabelle 7; WTV: Vertikale Wölbungstendenz gemäß Tabelle 7; POS: Relative Hangposition gemäß Tabelle 8.
LR: Likelihood Ratio; FG: Freiheitsgrade

Die Anpassung der Modelle wird mittels des *Likelihood-Ratio-Tests* (s. BAHRENBERG et al. 1992) vorgenommen. Auch wurden die von der Software automatisch berechneten Wahrscheinlichkeiten mit den beobachteten Zellenhäufigkeiten in der Kontingenztabelle verglichen. Als das geeignetste Modell kann das angesehen werden, welches bei der geringsten Anzahl an Faktoren und einer hohen Anzahl von Freiheitsgraden (FG) eine gute Anpassung liefert, wobei unter Anpassung verstanden wird, daß der Likelihood-Ratio-Test (LR) die Nullhypothese ablehnt.

Tab. 11: Auflistung der berechneten Modelle zur Ableitung eines räumlichen Gefahrenmodells (40 m-Modell)

Nr.	Faktoren*	LR	Probability	FG	Anpassung
1	GEOL NEI WTH WTV POS	176.87	0.0325	144	nein
2	GEOL NEI WTH*WTV	120.67	0.0000	57	nein
3	NEI POS WTH*WTV	117.49	0.0000	59	nein
4	NEI WTH*WTV	67.15	0.0000	16	nein
5	NEI POS	16.64	0.0052	5	ja
6	NEI POS GEOL	68.36	0.0000	28	ja
7	GEOL WTV|WTH	69.56	0.0000	19	ja
8	NEI GEOL WTH	32.45	0.0527	21	ja
9	NEI GEOL WTV	70.28	0.0000	22	nein
10	WTH WTV	7.53	0.1104	4	nein
11	NEI GEOL	15.14	0.0098	5	ja

* Faktoren:NEI: Hangneigungsfaktor, GEOL: lithologischer Faktor, WTH, Wölbungstendenz in horizontaler Richtung (Wölbungskriterium: 100 m, WTV: Wölbungstendenz in vertikaler Richtung (600m), POS: Hangposition (1: Unterhang, 2: Unterer Mittelhang, 3: Oberer Mittelhang, 4: Oberhang), | bedeutet, daß sowohl der Faktor selbst als auch untereinander bestehende Interaktionen mitberechnet werden, * bedeutet, daß nur die Interaktionen berücksichtigt werden

Es zeigt sich, daß mehrere Modelle an die Daten angepaßt werden können. Weiterhin ist ersichtlich, daß die meisten Modelle, die eine gute Anpassung haben, den Faktor Hangneigung beinhalten. Aber auch Modelle, die nur geomorphometrische Parameter enthalten, zeigen sowohl im 20 m- als auch im 40 m-Gitter eine ausreichende Anpassung. Die Wölbung alleine kann die räumliche Verteilung nicht erklären, sie ist jedoch bei einigen Modellen mit guter Anpassung enthalten. Sie zeigt sich dabei im 20 m-Modell etwas stabiler als im 40 m-Modell. Dieses Ergebnis könnte darauf hindeuten, daß bei einer groben Auflösung das DHM nicht mehr in der Lage ist, die Wölbung adäquat abzubilden. Dazu wären jedoch noch eingehendere Studien notwendig. Alle Modelle, die im 40 m-Modell angepaßt werden können, enthalten entweder die Neigung, die Hangposition oder die Geologie. Daraus läßt sich schließen, daß bei der Erklärung der räumlichen Verteilung der Massenbewegungen diese Faktoren die wichtigste Rolle spielen. Daß auch Modelle, welche die Geologie nicht als Faktor beinhalten, angepaßt werden können, zeigt nach Meinung des Autors nicht, daß die Geologie vernachlässigt werden kann, sondern eher, daß zwischen den lithologischen Eigenschaften und der Hangform im untersuchten Raum ein starker Zusammenhang besteht. Der Ausschluß bestimmter

Tab. 12: Berechnete Regressionsparameter für Modell Nr. 6

Faktor	Parameter	Wert*	c² - Wert	Probability
Intercept	1	1.2221	29.63	0.0000
Neigungskategorie	2	3.6029	175.28	0.0000
	3	-1.6211	66.06	0.0000
Hangposition	4	0.7011	8.16	0.0198
	5	-0.6675	20.94	0.0000
	6	-0.4858	10.71	0.0000
Lithologie	7	1.1744	10.37	0.0013
	8	0.0456	0.04	0.8322
	9	0.1741	0.66	0.4183

Der Grund, warum hier der Parameterwert für jeweils eine Kategorie jedes Faktors fehlt, liegt darin, daß die Gesamtsumme der Parameter innerhalb jedes Faktors 0 ergeben muß, d.h. der Parameterwert der jeweils nicht aufgelisteten höchsten Kategorie errechnet sich aus 0 minus der Summe der restlichen Parameter.

Modelle bzw. Faktoren bedeutet jedoch nicht, daß diese Faktoren nicht zur Erklärung der Verteilung der Rutschungen beitragen. Sie zeigen, daß der Rutschungsprozeß ein komplexes Phänomen ist, zu dessen Erklärung eine Reihe von Faktoren beitragen. Aus planerischer Sicht jedoch erscheint es sinnvoll, solche Modelle zu wählen, die bei geringstem Erhebungsaufwand die höchstmögliche Genauigkeit aufweisen. Daher ist Modell Nr. 6 der Tab. 10 zu verwenden. Die von SAS berechneten Regressionsparameter sind in Tab. 12 aufgeführt. Mit Hilfe dieser Parameter berechnet das Statistikpaket die Wahrscheinlichkeiten für jede Zelle der Kontingenztabelle. Einige Faktorkombinationen zeigten sich dabei als problematisch, da sie nur sehr geringe Häufigkeiten in der Kontingenztabelle enthalten. Da sie jedoch auch im Gesamtgebiet nur eine sehr geringe Verbreitung haben, werden sie auch im Modell nicht überbewertet.

Die allgemeine Formel für die Berechnung des logit-Wertes für jede Faktorenkombination lautet:

$$logit = b_0 + b_1(NEI) + b_2(POS) + b_3(GEOL) \quad\quad \text{(Gl. 8)}$$

mit
b_0 = Intercept
b_1 = Parameterwert der Neigungsklasse
b_2 = Parameterwert der Hangposition
b_3 = Parameterwert der Lithologie

Die nachfolgende Gleichung gibt ein Beispiel für die Berechnung der Wahrscheinlichkeit p einer Rutschung für die Faktorenkombination 28 NEI=2 (7-15 °), POS=3 (Oberer Mittelhang), und GEOL=4 (Mergel, Tone und Tonmergel):

$$p = 1 - \frac{e^{logit_{28}}}{1 + e^{logit_{28}}} = 1 - \frac{e^{1.2212-1.6211-0.4858-1.3941}}{1 + e^{1.2221-1.6211-0.4858-1.3941}} = 1 - \frac{0.10229}{1.10229} = 0.9071 \quad \text{(Gl. 10)}$$

3.7.7 Umsetzung der Ergebnisse in eine Gefahrenkarte

Mit dieser Regel wird nun der Wahrscheinlichkeitswert jeder Faktorenkombination berechnet, welcher nach einer Klassifizierung in eine Karte umgesetzt werden kann. Die Klassifizierung erfolgte nach mehr oder weniger subjektiven Kriterien und dient letztlich nur der kartographischen Visualisierung der Ergebnisse. Für die

Tab. 13: Einstufung der Wahrscheinlichkeiten in Gefahrenstufen, sortiert nach der Auftrittswahrscheinlichkeit

Sample	NEI	POS	GEOL*	observed**	predicted	Gefahrenstufe
1	< 7°	Unterhang	1	0.0235	0.0012	gering
13	< 7°	Oberhang	1	0.0000	0.0016	gering
3	< 7°	Unterhang	3	0.0000	0.0034	gering
2	< 7°	Unterhang	2	0.0000	0.0038	gering
9	< 7°	oberer Mittelhang	1	0.0000	0.0040	gering
15	< 7°	Oberhang	3	0.0000	0.0043	gering
5	< 7°	unterer Mittelhang	1	0.0000	0.0048	gering
14	< 7°	Oberhang	2	0.0000	0.0049	gering
11	< 7°	oberer Mittelhang	3	0.0000	0.0108	gering
10	< 7°	oberer Mittelhang	2	0.0000	0.0123	gering
7	< 7°	unterer Mittelhang	3	0.0190	0.0130	gering
6	< 7°	unterer Mittelhang	2	0.0000	0.0147	gering
4	< 7°	Unterhang	4	0.0238	0.0158	gering
16	< 7°	Oberhang	4	0.0000	0.0202	gering
12	< 7°	oberer Mittelhang	4	0.0000	0.0500	gering
8	< 7°	unterer Mittelhang	4	0.1000	0.0593	gering
17	7-15°	Unterhang	1	0.8333	0.1860	gering
29	7-15°	Oberhang	1	0.0000	0.2266	gering
19	7-15°	Unterhang	3	0.5000	0.3831	mittel
18	7-15°	Unterhang	2	0.0000	0.4139	mittel
25	7-15°	oberer Mittelhang	1	0.0000	0.4281	mittel
31	7-15°	Oberhang	3	0.0000	0.4434	mittel
21	7-15°	unterer Mittelhang	1	0.0000	0.4730	mittel
30	7-15°	Oberhang	2	0.4000	0.4753	mittel
36	> 15°	Oberhang	2	0.0000	0.5651	mittel
27	7-15°	oberer Mittelhang	3	0.3634	0.6706	hoch
26	7-15°	oberer Mittelhang	2	0.7179	0.6983	hoch
23	7-15°	unterer Mittelhang	3	0.9216	0.7093	hoch
22	7-15°	unterer Mittelhang	2	0.7647	0.7351	hoch
20	7-15°	Unterhang	4	0.6111	0.7488	hoch
34	> 15°	oberer Mittelhang	2	0.8400	0.7685	hoch
33	> 15°	unterer Mittelhang	3	0.0000	0.7778	hoch
32	7-15°	Oberhang	4	0.8667	0.7926	hoch
28	7-15°	oberer Mittelhang	4	0.9310	0.9071	hoch
24	7-15°	unterer Mittelhang	4	0.8982	0.9213	hoch
35	> 15°	oberer Mittelhang	4	1.0000	0.9334	hoch

* Die Beschreibungen für den Faktor Lithologie (GEOL) können Tab. 5 entnommen werden
** observed: Häufigkeit in der Kontingenztabelle predicted: berechnete Wahrscheinlichkeit

Gefahrenkarte in Abb. 20 (im Anhang) wurde die in Tab. 13 aufgelistete Einstufung vorgenommen. Die Umsetzung des Gefahrenmodells in eine Karte der räumlichen Auftrittswahrscheinlichkeit von Rutschungen erfolgte mittels des GRASS-Moduls *r.infer* (MARTIN & WESTERVELT 1991). Es ist ein an der natürlichen Sprache orientiertes Modul zur Verschneidung der Basisinformationen nach den Regeln des abgeleiteten Modells. In Anhang C ist das Listing für Modell Nr. 6 aufgeführt.

Die Tabelle zeigt, daß die Hangneigung den dominierenden Faktor im Modell darstellt, und da die anderen Faktoren die Gefährdung innerhalb der Hangneigungsstufen weiter modifiziert werden. So spielen zum Beispiel innerhalb der niedrigsten Hangneigungsstufe die anderen Faktoren kaum eine Rolle, und die Gefährdung ist durchweg gering. Die mittlere Hangneigungsstufe (7-15°) liegt fast durchweg im Bereich der hohen Gefährdung. Hier zeigen die Hangposition und die Geologie eine stärker modifizierende Wirkung als in den anderen Hangneigungsbereichen. Die höchste Wahrscheinlichkeit, die von der Kombination Hangneigung > 15°, Oberer Mittelhang und Lithologie 4 (s. Tab. 5) eingenommen, beruht auf einer Häufigkeit in der Kontingenztabelle von nur fünf Pixeln, beinhaltet also eine statistisch problematische Beobachtung. Es erscheint jedoch plausibel, daß das Modell hier eine hohe Gefährdung ausweist, die auch vom Prozeß her sinnvoll erscheint, denn bei sehr hohen Hangneigungen und hoher geologischer Rutschungsanfälligkeit in den Cerithien- und Süßwasserschichten sowie im Rupelton muß von einer hohen Gefährdung ausgegangen werden. Daß in der Zufallsstichprobe keine dieser Kombinationen für die Nicht-Rutschflächen enthalten sind, weist lediglich darauf hin, daß diese Kombination extrem selten ist.

3.7.8 Interpretation der Gefahrenkarte

Vergleicht man die Gefahrenkarte in Abb. 20 mit der von KRAUTER & STEINGÖTTER (1984) publizierten, so fallen eigentlich nur wenig Unterschiede auf. Die Schichtstufenmittelhänge treten deutlich als gefährdetste Regionen hervor. Die mittlere Gefährdungsstufe ist hauptsächlich an den Oberhängen vertreten, welche auch gleichzeitig in der Geologie die Stufen 1 und 2 haben. In der Bewertungstabelle ist erkennbar, daß hier die Modellvorhersage sehr stark von den tatsächlich beobachteten Werten abweicht, die Modellanpassung also nicht überzeugt. Das heißt, daß in dieser Kategorie mit zusätzlichen Unsicherheiten gerechnet werden muß. Insgesamt zeigt die Karte keine wesentlichen Überraschungen. Die schon bei der Beschreibung der Datengrundlage geäußerte Vermutung, daß Relief und Geologie die dominierenden Faktoren darstellen, werden im Kartenbild bestätigt. Diese Aussage bezieht sich jedoch auf den dem Modellansatz zugrundeliegenden regionalen Maßstab, der zum einen durch die Auflösung des Höhenmodells und zum anderen durch den Maßstab und den Informationsgehalt der geologischen Karten gegeben ist. Lokal stellt sich die Disposition zu Rutschungen sehr differenziert dar. Das vorgestellte Modell hat jedoch einen planerischen Wert, weil es die Gefährdung quantitativ abschätzt. Da es weitestgehend mit den bereits publizierten Karten konform ist, ist eine quantitative Basis für regionalplanerische Entscheidungen gegeben. In lokalen, also parzellenscharfen Fragen sind unbedingt genauere geomorphologische und geotechnische Erkundungen durchzuführen. Die Karte stellt keine parzellenscharfe Information dar, sondern ist als regional gültiges Wahrscheinlichkeitsmodell zu verstehen.

3.8 Untersuchungen zur zeitlichen Verteilung der Massenbewegungen und ihr Bezug zum Klima

3.8.1 Ziele und methodische Konzeption

Die hier vorgestellten Untersuchungen basieren auf der Annahme, daß der Zuzug von Hangwasser die wichtigste Rolle bei der Auslösung bzw. hydrogeologischen und bodenmechanischen Disposition von Massenbewegungen, d.h. beim Aufbau eines kritischen Porenwasserdruckes, spielt. Dadurch ist letztlich der Bezug zum Niederschlag bzw. Klima hergestellt. Nach CROZIER & EYLES (1980) reicht jedoch die alleinige Berücksichtigung des Niederschlags nicht aus, da hier die Menge des verfügbaren Wassers überschätzt wird. Vielmehr ist es sinnvoll, durch Zuhilfenahme der Evapotranspiration die Wasserbilanz, d.h. den *effektiven* Niederschlag, zu berechnen, der sich aus der Differenz zwischen gemessenem Niederschlag und der Evapotranspiration ergibt. Eine weitere Verfeinerung kann durch Einbeziehung eines Bodenfeuchteparameters erfolgen. Da für die Evapotranspiration in der Regel keine langjährigen Messungen vorliegen, wird diese durch Berechnung der potentiellen Evapotranspiration (PET) angenähert. Hierzu existieren verschiedene Verfahren, welche die PET aus anderen meteorologischen Parametern berechnen. Eine ausführliche Beschreibung der meisten Methoden bietet SCHRÖDTER (1985).

Das Ziel der Untersuchungen besteht darin, den Bezug zwischen klimatischen Kenngrößen und dem Auftreten von Rutschungen in Rheinhessen während der letzten ca. 100 Jahre herzustellen. STEINGÖTTER (1984) hat sich bereits am Rande mit dieser Frage beschäftigt und kam zu dem Schluß, daß die Auslösung des Großereignisses 1981/82 auf eine fünfjährige Phase mit überdurchschnittlichen Niederschlägen zurückzuführen ist. Die von MATTHESIUS (1994) vorgelegte Arbeit zeigt im lokalen Maßstab deutliche Zusammenhänge zwischen Bewegungsraten und Quellschüttungsdaten am Wißberg. Die Quellschüttung konnte von ihm über ein Wasserbilanzmodell unter Einbeziehung der Bodenfeuchte relativ gut simuliert werden. Seine Auswertungen zeigen jedoch auch, daß die alleinige Berücksichtigung des Niederschlags nur schlecht den Verlauf der Quellschüttung erklären kann.

3.8.2 Datengrundlage

3.8.2.1 Hangrutschungen in historischer Zeit

Die Daten für Massenbewegungen in historischer Zeit entstammen zwei Quellen. Eine Quelle besteht in einer Datenbank (im folgenden als LDB-I bezeichnet), welche das Geologische Landesamt Rheinland-Pfalz über mehrere Jahre hinweg durch die Auswertung seines Archivs für das gesamte Bundesland erstellt hat. Diese Datenbank enthält unter anderem Angaben über den Ort, die stratigraphische Einordnung, eine Zeitangabe und die Ursache von Massenbewegungen. Über die Ortsangabe (TK25-Name, sowie Rechts- und Hochwert) war es möglich, die für das Untersuchungsgebiet relevanten Datenbankeinträge herauszufiltern.

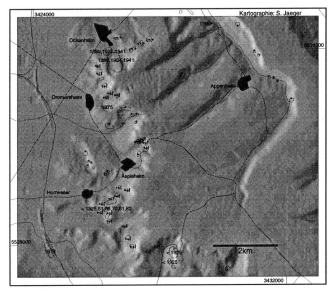

Abb. 21: Ausschnitt aus der digitalisierten Rutschhöffigkeitskarte von STEINGÖTTER (1984). • bedeutet 1984, •+ bedeutet 1982 und früher, < bedeutet vor dem angegebenen Jahr.

Weitergehend wurden diejenigen Rutschungen ausgeschlossen, welche aus den Informationen der Datenbank eindeutig einer anthropogenen Ursache zuzuordnen waren. Es zeigte sich, daß die Zeitangaben oft sehr ungenau sind - eine Tatsache, die derartigen Datenquellen immanent ist. Nur sehr wenige Massenbewegungen waren mit einer eindeutigen Datumsangabe versehen, vielmehr waren Angaben wie *Frühjar 1934* oder *vor 1972* bzw. einfache Jahresangaben die Regel. Aus diesem

Grunde erschien es angebracht, für diese regionale Untersuchung eine zeitliche Auflösung zu wählen, welche nicht über Jahresangaben hinausgeht. In Tabelle 14 sind die Datensätze, welche nach dem Selektionsprozeß übrigblieben, aufgeführt.

Eine weitere Quelle stellte die Rutschhöffigkeitskarte von STEINGÖTTER (1983) dar. In dieser sind für Rheinhessen Jahresangaben an verschiedenen Rutschlokalitäten enthalten (s. Abb. 21). Auch hier sind Jahresangaben die Regel. Diese beiden Datenquellen wurden nun analysiert, um etwaige Phasen verstärkter Rutschungsaktivität herauszuarbeiten, zu welchen wiederum ein Bezug zum klimatischen Geschehen während der letzten 100 Jahre hergestellt werden sollte. Zunächst wurde angestrebt, auch über die Häufigkeiten Aussagen treffen zu können. Da in der Datenbank aber ein deutlicher Trend dergestalt zu verzeichnen war, daß aktuellere Ereignisse erheblich überrepräsentiert sind, erschien es sinnvoll, darauf zu verzichten. Aus den in der Tabelle und der Rutschhöffigkeitskarte aufgeführten Ereignissen wurden folgende Jahre als Phasen verstärkter Rutschungsaktivität festgelegt: 1930-33 (6 Ereignisse), 1939-41 (17 Ereignisse), 1966-70 (25 Ereignisse), 1978-80 (32 Ereignisse), Jahreswende 1981/82 (200 Ereignisse), 1987-88 (13 Ereignisse).

Da die Daten der Datenbank nicht zum Zwecke dieser Untersuchung erhoben wurden, ist klar, daß die Angaben z.T. nur sehr lückenhaft sind. Es ist daher äußerst schwierig zu beurteilen, ob eventuelle Häufungen von Zeitangaben in der Tat eine Häufung beobachteter Prozesse widerspiegeln und nicht z.B. auf eine gerade gesteigerte oder verminderte Aufmerksamkeit zurückzuführen sind. Das Potential, aber auch die Problematik historischer Archive für die Analyse geomorphologischer Prozesse in verschiedenen Zeitmaßstäben wird sehr ausführlich von BRUNSDEN & IBSEN (1994) diskutiert, die auf die Wichtigkeit einer verläßlichen, d.h. auf möglichst vielen Quellen basierenden Datenreihe hinweisen. Sie betonen auch, daß sich Massenbewegungen immer auch ohne Berichterstattung bzw. Beobachtung ereignen. Vor diesem Hintergrund ergibt sich, daß in dieser Arbeit nicht eine hochaufgelöste Zeitreihe mit Witterungsparametern korreliert werden kann, sondern daß das Ziel in der Untersuchung der Zusammenhänge zwischen langfristigen Klimaparametern und Häufungen von Rutschungen besteht. Aufgrund der relativ geringen Grundgesamtheit werden die o.a. Zeiträume nicht nach ihrer Häufigkeit bewertet. Eigene Archivarbeiten im Pfälzischen Landesarchiv Speyer und im Bischöflichen Archiv in Mainz verliefen erfolglos. Über die bereits bekannten Ereignisse hinaus konnten keine weiteren Angaben zu Massenbewegungen gefunden werden. Wie jedoch bereits erwähnt, können durchaus auch Rutschungen stattgefunden haben, ohne registriert worden zu sein.

3.8.2.2   Niederschlags- und Temperaturzeitreihen

Für die Analyse der Abhängigkeit von Rutschungen von Niederschlags- und Temperaturzeitreihen wurde auf Daten des Deutschen Wetterdienstes (DWD) zurückgegriffen. Für insgesamt 28 Stationen standen Niederschlagsreihen verschiedener Auflösung (max. Tagessummen) zur Verfügung (Abb. 21). Temperaturreihen waren für drei Stationen verfügbar (Bad Kreuznach, Alzey und Worms, s. Abb. 22).

Tab. 14: Datensätze aus der Datenbank LDB-I, welche zur Analyse der Zeitreihen herangezogen werden konnten.
Datenquelle: Geologisches Landesamt Rheinland-Pfalz.

TK25	Archivnr.	GK-Rechts	GK-Hoch	Ortsbezeichnung	Zeitangabe
6013	3	-	-	Bingerbrück-Trechtingshausen	1958, 1961, 1964
6013	4	-	-	B 9	1968
6013	8	-	-	Benedictusgarten	vor 19.3.1983
6014	587	-	-	Im Gretenpfuhl Im Gaulgen	6/1969, 1973
6013	1277	-	-	Bingen-Büdesheim, im Osterberg	Jahreswende 1987/88
6014	588	-	-	Im Stiebenba	6./7.11. 1972
6014	1183	-	-	K 16, Engelstadt-Bubenheim	1987, 2/1988
6015	589	-	-	Umgebung Nackenheim	1965, 1972
6015	1178	-	-	Flur Ganzbuckel	Frühjahr 1988
6015	1179	-	-	L 434 Nackenheim	1986/1987
6113	350	34165601	5519650	L 379 B48	2/1980
6113	622	-	-	-	1930-1970
6113	1114	-	-	B 428	5/1983
6113	1116	-	-	Ippesheim	11/1979
6113	1213	-	-	Eremitage im Guldenbachtal	vor 5/1988
6114	626	-	-	Wißberg	6/1969
6114	627	-	-	N-Talhang Straße Wörrstadt-Rommersheim	2/1966
6114	1088	-	-	B 40	ab 5/1979
6114	1090	-	-	K 20	Frühjahr 1978
6114	1091	-	-	Gewann Neuborn	Frühjahr 1978
6115	628	-	-	-	20.01.1967
6115	1288	-	-	L 425	vor 23.9.1988
6214	11	-	-	Im Wingertsgraben	1981/82, 1983
6214	12	-	-	A 63 Talbrücke Alzey km 322,1	
6214	13	-	-	A 63, km 27,850	Frühjalr 1986
6214	14	-	-	K 12 Alzey-Heimersheim.Lonsheim	Frühjahr 1987
6214	15	-	-	K 10 Weinheim-Heimersheim km 0+300	12/1987
6214	16	-	-	Flurbereinigungsgebiet	Frühjahr 1982
6215	294	3423020	5500340	-	7/1978
6215	295	-	-	-	9/1964
6313	658	-	-	Donnersberg Staatswald	1964
6313	702	3423520	5499300	Donnersberg Mauchenheimer Weg	6/1988
6314	1148	-	-	N-Hänge des Pfrimmtals bei Zell/Pfalz	vor 1911, 1930
6314	1195	-	-	Anschlußspange L 447	3/1988
6314	1199	-	-	K 19	1986

55

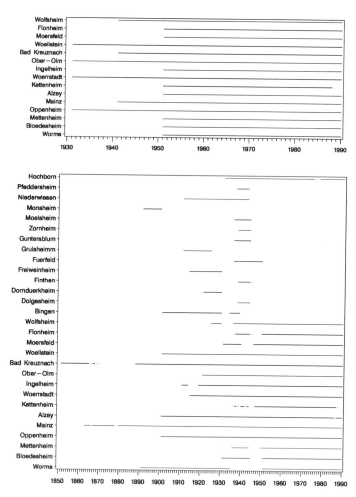

Abb. 22: Verfügbare Niederschlagszeitreihen für die Region Rheinhessen. Datenquelle: Deutscher Wetterdienst. Oben: Tageswerte, unten Monatswerte

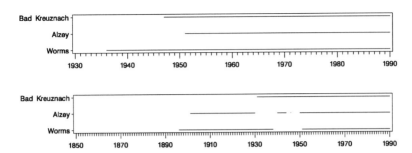

Abb. 23: Verfügbare Temperaturreihen für die Region Rheinhessen. Datenquelle: Deutscher Wetterdienst. Oben: Tageswerte, unten: Monatswerte.

3.8.3 Datenaufbereitung

3.8.3.1 Niederschlag

Die Abbildungen zeigen, daß die längste Niederschlagsreihe somit für Bad Kreuznach vorliegt (seit 1850), jedoch erst ab 1890 ununterbrochen. Für Mainz liegt seit 1880 eine lückenlose Reihe von Monatssummen vor. Die im südlichen Rheinhessen gelegene Station Alzey ist seit 1900 lückenlos abgedeckt. Aus der oben beschriebenen problematischen Datenlage bzgl. der Informationen über Massenbewegungen in historischer Zeit ergibt sich, daß eine weitere räumliche und zeitliche Differenzierung des Niederschlagsgeschehens als nicht gerechtfertigt erscheint. Vielmehr wird bei den weiteren Untersuchungen davon ausgegangen, daß im Jahresdurchschnitt Rheinhessen einen relativ homogenen Raum darstellt. Eine weitere Unterteilung des Raumes würde die oben beschriebene Datenlage noch weiter verschlechtern und lokale Aussagen fast unmöglich machten. Diese Maßstabsverkleinerung hat natürlich zur Folge, daß die Ergebnisse stärker generalisiert werden müssen

Aus diesen Überlegungen heraus wurde angestrebt, aus den vorhandenen Klimadaten eine möglichst lange und für Rheinhessen repräsentative Zeitreihe zu berechnen, deren Auflösung nicht über das Halbjahr hinausgeht. Dazu wurde zunächst geprüft, ob die einzelnen Zeitreihen untereinander hinreichend gut korrelieren. Diese Prüfung wurde mit den Monatsmittelwerten bzw. -summen für die drei genannten Stationen durchgeführt. Für den Test auf Homogenität bieten sich mehrere Verfahren an. Es können die Quotienten oder die Differenzen zweier Stationen gebildet werden. Diese sollten dann entweder eine Gerade ergeben oder aber einer Zufallsverteilung unterliegen (EISENHARDT 1968). Für die Niederschlagsreihen wurde die Quotientenbildung gewählt, da dieses Klimaelement natur-

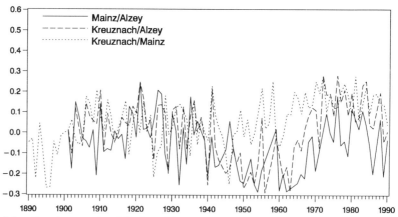

Abb. 24: Quotienten der Niederschlagszeitreihen in Prozent. Datenquelle: Deutscher Wetterdienst.

gemäß sehr variabel ist. In Abb. 24 ist jeweils der normierte Prozentwert bezogen auf die zweitgenannte Station dargestellt. Die Beurteilung der Homogenität in dieser Arbeit erfolgte lediglich visuell, da eine statistische Überprüfung den zeitlichen Rahmen dieser Arbeit sprengen würde. Es zeigt sich, daß die Abweichungen relativ gering sind und selten mehr als 50 % betragen. Bis etwa 1940 schwanken die Kurven etwa um einen linear verlaufenden Wert. Die Stationen Mainz/ Alzey und Bad Kreuznach/ Alzey zeigen während der gesamten Beobachtungsperiode eine etwa gleichlaufende Tendenz. Das Verhältnis der Stationen Kreuznach und Mainz hingegen zeigt einen Positivtrend ab 1940, der sich ab 1960 wieder umkehrt. Das heißt, im Mittel wurden ab diesem Zeitraum in Kreuznach mehr Niederschläge gemessen. Da sich im gleichen Zeitraum das Stationspaar Kreuznach/ Alzey wie das Stationspaar Mainz/ Alzey verhält, kann angenommen werden, daß die Station Kreuznach hier eine Inhomogenität aufweist, wie sie z.B. durch eine Verlegung des Meßgerätes hervorgerufen wird. Ab 1970 verhalten sich alle Stationspaare wieder ähnlich. Abgesehen von dieser Periode zeigen also alle Stationsvergleiche einen vergleichbaren Verlauf, was auf relativ homogene Reihen schließen läßt. Die Homogenität wird für den Rahmen dieser Arbeit als hinreichend genau betrachtet.

Die Korrelation zwischen den einzelnen Stationen war durchweg hoch (s. Tab. 15), so daß aus den drei Zeitreihen mittels der Regressionsgleichungen eine zuverlässige *synthetische* Reihe für die Monatssummen berechnet werden konnte, worunter hier eine aus den drei Stationen statistisch zusammengesetzte Station verstanden werden soll. Als Bezugsstation wurde die Station Alzey gewählt, da sie nicht am Rand des Untersuchungsgebietes liegt und somit als relativ repräsentativ angesehen werden kann. Für den Fall, daß alle Stationen vorhanden waren, wurden beide Stationen verwendet, in den sonstigen Fällen jeweils nur die vorhandene.

Tab. 15: Korrelationskoeffizienten für den Zusammenhang der Monatssummen

Stationspaar	Regressionsgleichung	r^2
Mainz / Alzey	AZ = 68.9 + 0.78×MZ	0.70
Bad Kreuznach / Alzey	AZ = 67.2 + 0.87×KH	0.72
Bad Kreuznach / Mainz	MZ = 78.5 + 0.90×KH	0.69
Mainz / BadKreuznach / Alzey	AZ = 36.0 + 0.39×MZ + 0.51×KH	0.77

3.8.3.2 Temperatur

Für die Temperatur wurde eine ähnliche Methode angewandt, um aus den drei Stationen eine synthetische Temperaturreihe zu berechnen. Im Falle der Temperatur wurde für die Homogenitätsprüfung die Differenzbildung gewählt, da dieser Klimaparameter wesentlich geringeren räumlichen Variabilitäten unterliegt. In Abb. 25

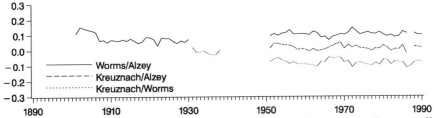

Abb. 25: Differenzen der verwendeten Temperaturreihen in Prozent. Datenquelle: Deutscher Wetterdienst.

sind die Differenzen für die drei Stationspaare dargestellt. Es handelt sich jeweils um die Differenz in Prozent von der ersten angegebenen Station. Die drei Kurven zeigen nur sehr geringe Schwankungen, was auf relativ homogene Reihen schließen läßt. Auch zeigen die Korrelationskoeffizienten, daß die Berechnung einer künstlichen Reihe hier keine Probleme aufwirft (Tab. 16). Auch hier wurde die Station Alzey als Bezugsstation gewählt.

Tab. 16: Korrelationskoeffizienten für den Zusammenhang der Monatsmittel

Stationspaar	Regressionsgleichung	r^2
Worms / Alzey	AZ = -7.74 + 0.98×WO	0.99
Bad Kreuznach / Alzey	AZ = 67.2 + 0.87×KH	0.99
Worms / BadKreuznach	WO = 4.53 + 1.02×KH	0.99
Worms / BadKreuznach / Alzey	AZ = -4.89 + 0.44×WO + 0.56×KH	0.99

3.8.3.3 Berechnung der Potentiellen Evapotranspiration

Mit den so berechneten Daten für Temperatur und Niederschlag lag eine lückenlose Zeitreihe von 1895 bis 1990 vor. Die Berechnung der Potentiellen Evapotranspiration (PET) erfolgte nach dem Modell von THORNTHWAITE (1948). Dieses hat gegenüber anderen Methoden den Vorteil, daß es nur auf Temperaturwerte zurückgreift. Die empirische Formel beruht auf Messungen aus verschiedenen Klimagebieten (SCHRÖDTER 1985) und hat für die Berechnung eines Monatswertes folgende Form:

$$PET = n_d \cdot 0.533 \cdot f \cdot (\frac{10 \cdot T_m}{J})^a \qquad \text{(Gl. 10)}$$

mit
n_d = Anzahl der Tage im Monat
f = Korrekturfaktor, abhängig von der astronomisch möglichen Sonnenscheindauer und der Monatslänge in Tagen, s. Hilfstafel 1 in SCHRÖDTER (1985)
T_m = Langjähriges Monatsmittel der Temperatur
J = *Wärmeindex*, abhängig vom langjährigen Monatsmittel der Temperatur
a = von J abhängiger Korrekturterm

Es darf nicht unerwähnt bleiben, daß dieses Verfahren den Nachteil hat, nicht die Luftfeuchtigkeit mit einzubeziehen. Dies führt nach SCHRÖDTER (1985) besonders in der zweiten Jahreshälfte mit höheren Feuchtigkeitswerten zu Überschätzungen, was sich besonders bei der Berechnung von Tageswerten bemerkbar macht. Da die berechneten PET-Werte jedoch nicht in ein physikalisch basiertes Modell einfließen, sondern als Indikator-Zeitreihe Verwendung finden, erscheint ihre Anwendung gerechtfertigt. Aus den Monatswerten wurden Jahressummen und Halbjahressummen (hydrologische Halbjahre) berechnet (s. Abb. 26). Wie aufgrund des starken Einflusses der Temperatur zu erwarten, hat das Sommerhalbjahr den größten Anteil an der PET und liegt im Mittel bei etwa 550 mm. Der Winter trägt mit Werten um 100 mm nur zu einem geringen Anteil an der Gesamtverdunstung bei. Insgesamt liegen die Jahressummen der PET bei Werten um 660 mm. Dieser Wert liegt um etwa 130 mm über dem langjährigen Mittel des Niederschlags und spiegelt somit auch das trockene Klima Rheinhessens wider.

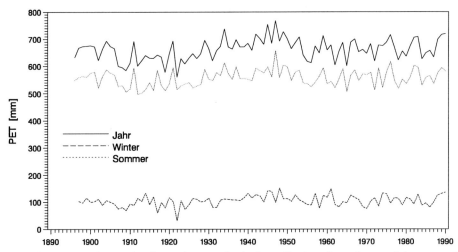

Abb. 26: Aus den Zeitreihen der synthetischen Station berechnete Jahres- und Halbjahressummen der PET.

3.8.4 Datenanalyse und Ergebnisse

Zur Analyse der Frage, ob ein Zusammenhang zwischen klimatischen Parametern und dem Auftreten von Massenbewegungen feststellbar ist, wurden zunächst die berechneten und gemessenen klimatischen Parameter graphisch dargestellt (Abb. 22). Die Aktivitätsphasen sind durch die unteren Balken gekennzeichnet. Die schwächer schraffierten stellen dabei die Phasen dar, welche nur schwach belegt sind oder von denen gesichert ist, daß sie im Vergleich zu dem Großereignis 1981/82 ein geringeres Ausmaß hatten. Letzteres trifft auf die Phasen 1966-70, 1978-80 sowie 1988 zu. Für die Jahre 1939-41 sind zwar vergleichsweise wenig Massenbewegungn bekannt geworden. Ausgehend von den Arbeiten von WAGNER (1941) kann jedoch angenommen werden, daß in dieser Zeit Rutschungen eine relativ große Häufigkeit erreicht haben, die auch gutachterliche Arbeiten nach sich zogen. Die Analyse der jährlichen Verteilung des effektiven Niederschlags (Abb. 27, Datenreihe in Anhang H) sowie der PET lassen zunächst nur Zusammenhänge mit den Rutschungsjahren vermuten. Beide Kurven zeigen sehr große Schwankungen. Die PET-Kurve selbst läßt nur wenig Rückschlüsse auf eventuell vorhandenene Zusammenhänge zu. In der Niederschlagskurve fallen einige Jahre mit besonders hohen Werten auf, so das Jahr 1981, an dessen Ende auch ein großes Rutschungsereignis stattfand. Weiterhin das Jahr 1966, welches am Anfang einer Rutschungsphase steht, sowie das Jahr 1922, welches unmittelbar dem extrem trockenen Jahr 1921 folgt. Jedoch ist aus diesem Zeitraum keine verstärkte Rutschungsaktivität bekannt. Auch in der Kurve des effektiven Niederschlags (Wasserbilanz) fallen diese Jahre als Spitzen auf. Es kann also aufgrund dieser ersten visuellen Analyse vermutet werden, daß bei dieser zeitlichen Auflösung der Daten Zusammenhänge sowohl zwischen dem Jahresniederschlag und der Rutschungsaktivität als auch zwischen der Wasserbilanz und der Rutschungsaktivität bestehen.

Als nächster Schritt wurde für die Daten eine Darstellungsweise gewählt, die es erlaubt, signifikante und beständige Änderungen visuell besser zu erkennen. SUMNER (1988, S. 352f) schlägt vor, dies durch das kumulative Auftragen der Residuen um ein langjähriges Mittel zu tun. Dadurch werden beständige Trends durch eine Richtungsänderung der Kurve deutlich. Auch in der Massenbewegungsforschung wurde dieses Verfahren schon verschiedentlich eingesetzt, so z.B. von CHURCH & MILES (1987) oder von WIGGINTON & HICKMOTT (1991). Wird der effektive Niederschlag bzw. die Wasserbilanz auf diese Weise dargestellt, so kann abgeschätzt werden, in welchem Zustand sich der Bodenspeicher gerade befindet. Dies ist ein für die Vorhersage wichtiger Faktor. Weiterhin kann untersucht werden, ob eine Parallelisierung potentiell hoher Grundwasserstände bzw. Porenwasserdrücke mit Zeiträumen höherer Rutschungsaktivitäten möglich ist. Es sei nochmals darauf hingewiesen, daß es hier um die langzeitliche Veränderung der

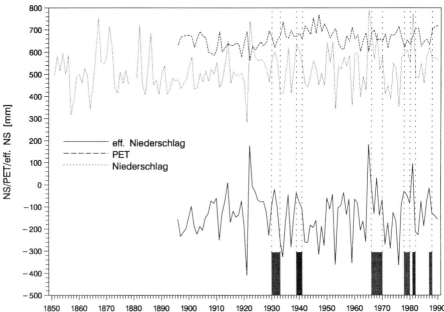

Abb. 27: Jährliche Verteilung von Niederschlag, PET und effektivem Niederschlag. Schwarze Balken zeigen gut belegte Rutschphasen an, graue schwach belegte.

Disposition zur Instabilität geht. Die Bestimmung einer rutschungsauslösenden Regenmenge oder -intensität erfordert zeit- und ortsgenauere Daten über die Rutschungen selbst, welche für diese Untersuchung nicht vorlagen.

In Abb. 28 ist der Verlauf der kumulativen Abweichung vom mittleren effektiven Niederschlag dargestellt. Zusätzlich wurden aufeinanderfolgende Jahre mit überdurchschnittlichem effektivem Niederschlag identifiziert und ebenfalls in kumulativer Form dargestellt. In dieser Kurve lassen sich deutliche Phasen der Zunahme erkennen, so z.B. zwischen 1920 und 1930 sowie Ende der sechziger Jahre und Ende dersiebziger/ Anfang der achtziger Jahre. Es ist noch zu erwähnen, daß in dem hier vorgestellten Modell der effektive Niederschlag auch negative Werte annehmen kann, was zunächst widersprüchlich erscheint. Für den überwiegenden Teil der beobachteten Jahressummen lag der Wert jedoch über dem Jahresniederschlag, der effektive Niederschlag als solcher läge also bei Null. Bei einer Betrachtung von Monatssummen sähe dieses Bild anders aus. Da aber der oben definierte Zielmaßstab dieser Arbeit ein längerfristiger ist, wurde ein weiteres Abstraktionsniveau angenommen. Negativwerte für den effektiven Niederschlag können dann einen Sinn haben, wenn man sie als Parametrisierung für den Austrocknungszustand eines Bodens betrachtet. Unter Berücksichtigung eines „realen" Wertes hätte sich ein Mittelwert von knapp über Null ergeben, und die Berechnung kumulativer Abweichungen von diesem hätte nur ein sehr undifferenziertes Bild

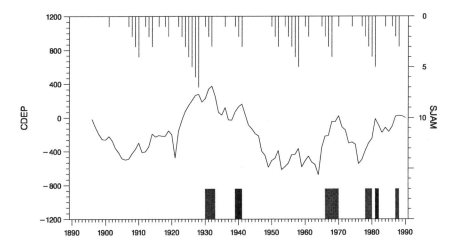

Abb. 28: Kumulative Abweichung vom mittleren effektiven Niederschlag (durchgezogene Linie), aufeinanderfolgende Jahre mit überdurchschnittlichem effektiven Niederschlag (obere Balken) und Phasen mit verstärkter Rutschungsaktivität (untere Balken), wobei schwarze Balken gut belegte Rutschphasen anzeigen und graue schwach belegte.

ergeben. Ein verbessertes Evapotranspirationsmodell könnte hier eventuell andere Ergebnisse liefern. Dazu notwendige Daten lagen jedoch nicht vor.

Der Zusammenhang zwischen Rutschungsphasen und dem klimatischen Geschehen ist in der Abbildung für einige Jahre erkennbar. So ging der Rutschphase 1930-33 eine langanhaltende ansteigende Tendenz feuchter Jahre voraus, die etwa 1922 begann. In den darauffolgenden Jahren schließt eine lange, bis etwa 1965 anhaltende Zeit relativ trockener Jahre an. In diese Zeit fallen jedoch auch die Ereignisse zwischen 1939 und 1941. Diese lassen lediglich einen Zusammenhang zwischen den durch die oberen Balken gekennzeichneten drei aufeinanderfolgenden Jahren überdurchschnittlicher Wasserbilanz erkennen. In der trockenen Phase bis 1965 liegen jedoch auch mehrere solcher Phasen, ohne daß Rutschungen aus dieser Zeit in größerer Zahl bekannt wären. Daraus kann geschlossen werden, daß überdurchschnittliche Wasserbilanzen nur dann kritisch werden, wenn sich auch die Gesamtkurve der Abweichung vom Mittelwert auf hohem Niveau befindet. Die Rutschphase zwischen 1966 und 1970 wiederum folgt einer länger anhaltenden positiven Tendenz der kumulativen Abweichung, die am Ende dieser Phase wieder auf einen Wert über Null gestiegen war. Ebenso verhält sich die Zeit zwischen 1978 und dem Großereignis 1981/82.

Die hier vorgestellte Beziehung zwischen der kumulativen Abweichung von der mittleren Wasserbilanz erweist sich als relativ guter Indikator für den Zusammenhang zwischen der mittelfristigen, d.h. mehrjährigen klimatischen Situation und der Disposition von Massenbewegungen. Es lassen sich jedoch nur schwer eindeutige Indikatoren oder Grenzwerte aus dieser Beziehung ableiten. Das liegt zum einen sicher an der relativ geringen Häufigkeit der Rutschungen überhaupt. Zum anderen muß berücksichtigt werden, daß die hier vorgenommenen zeitlichen und räumlichen Generalisierungen den verschiedenen Teilräumen Rheinhessens nur unvollkommen gerecht werden können.

3.8.5 Abschätzung eines Wiederkehrintervalls kritischer Wasserbilanzen

Um letzlich zu einer Abschätzung der zeitlichen Gefährdung, also der Definition des Wiederkehrintervalls eines potentiell rutschungsauslösenden klimatischen Zustandes, zu kommen, bedarf es zunächst der Definition eines solchen Zustandes. Aus den obigen Ausführungen wird klar, daß dieser Zustand nur schwer eindeutig zu definieren ist. Es wurde daher versucht, die empirischen Befunde in einem Index zusammenzufassen. Da sowohl die kumulative Wasserbilanz als auch der Jahresniederschlag selbst Zusammenhänge vermuten lassen, wurde dieser Index aus dem Jahresniederschlag und einem antezedenten Wert für die Wasserbilanz gebildet. Unter der antezedenten Wasserbilanz wird hier ein Wert verstanden, der sich über mehrere Jahre hinweg aufbaut. Dazu wurde nun eine fünfjährige gleitende Summe der Abweichung von der mittleren Wasserbilanz gewählt. Das heißt, für jedes Jahr geht als Wert die Summe der Abweichung von der mittleren Wasserbilanz der fünf vergangenen Jahre ein. Die Tatsache, daß dieser Wert als Prozentwert eingeht, hat für die Berechnung des Index keine Bedeutung. Die Verwendung absoluter Werte würde denselben Kurvenverlauf ergeben. Zu dieser fünfjährigen Summe wurde weiterhin der zweifach gewichtete Jahresniederschlag addiert, der empirisch ermittelt wurde. Der Index LI nimmt somit folgende Form an:

$$LI = 2 \cdot N + G_5 \qquad (Gl. 11)$$

mit
LI = Klimatischer Index
N = Jahresniederschlag in mm
G_5 = kumulative Wasserbilanz über 5 Jahre

Der Verlauf dieses Index während der letzten 90 Jahre ist in Abb. 29 dargestellt. In der Abb. sind wiederum als schraffierte Balken die Rutschphasen eingetragen. Es zeigt sich, daß einige der Peaks in der Kurve sehr gut mit diesen Phasen übereinstimmen. Es fallen jedoch auch solche Peaks auf, für die keine Massenbewegungsereignisse bekannt sind. Hier gelten die gleichen Überlegungen wie oben. Es läßt sich aus der Kurve bei etwa 1300 ein Grenzwert für den Index LI ziehen. Bei fünf der sechs eingetragenen Rutschphasen wird dieser Wert überschritten bzw. erreicht. Es kommen jedoch auch vier Fälle vor, bei denen trotz Überschreitung dieses Wertes keine verstärkte Rutschungsaktivität bekannt ist. Es muß noch

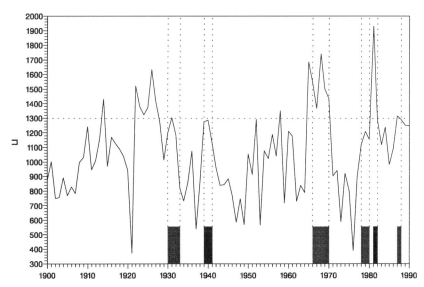

Abb. 29: Verlauf des Klimatischen Index LI. Schwarze Balken zeigen gut belegte Rutschphasen an, graue schwach belegte.

erwähnt werden. daß die Berechnung eines Index, der für die Bestimmung von Wiederkehrintervallen geeignet wäre, die Verwendung der kumulativen Abweichung nicht geeignet ist, da die Werte auf dieser Kurve (Abb. 29) nicht statistisch unabhängig voneinander sind.

Die Berechnung des Wiederkehrintervalls folgt hier der in SUMNER (1988) vorgeschlagenen Methode. Danach werden zunächst die gemessenen bzw. berechneten Werte des Index *LI* ihrer Größe nach sortiert. Das Wiederkehrintervall jeder Beobachtung wird dann nach SUMNER (1988) wie folgt definiert:

$$T = \frac{n+1}{m}$$ (Gl. 12)

mit
T = Wiederkehrintervall
n = Anzahl der Beobachtungen
m = Rang der Beobachtung

Der Wert des Index kann nun gegen das Wiederkehrintervall aufgetragen werden (Abb. 30) und in dieser Art das Wiederkehrintervall eines Ereignisses bestimmter Größe auf einer optisch angepaßten Kurve abgelesen werden. So ist z.B. im Schnitt alle fünf bis sechs Jahre damit zu rechnen, daß der Grenzwert von 1300 erreicht wird, also eine erhöhte Rutschungsgefährdung besteht. Mit einem Wert über 1500 ist etwa alle zehn Jahre zu rechnen, und Werte über 1800, wie sie etwa im Extremwinter 1981/82 erreicht wurden, kommen im Mittel alle 50 Jahre vor.

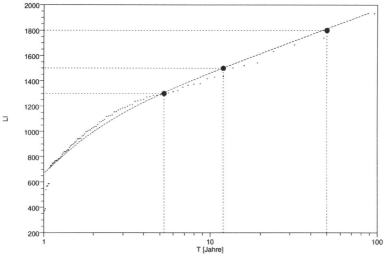

Abb. 30 Wiederkehrintervalle (T) des klimatischen Index *LI*. Der Punkt dient als Beispiel für die Ablesung der Wiederkehrperiode.

Bei der Darstellung klimatischer Parameter ist es üblich diese in Wahrscheinlichkeiten umzurechnen und auf Wahrscheinlichkeitspapier aufzutragen. Die Wahrscheinlichkeit P (in %) eines Ereignisses bestimmter Größe berechnet sich dann nach folgender Fomel:

$$P = 100 \cdot \frac{m}{(n+1)} \qquad \text{(Gl. 13)}$$

mit
m = Rang des Ereignisses
n = Anzahl der Beobachtungen (hier 95)

In Abb. 31 ist die Wahrscheinlichkeit der oben definierten Ereignisse als Wahrscheinlichkeitsplot dargestellt. Es wurde eine Normalverteilung gewählt. Die lineare Verteilung der Datenpunkte zeigt eine sehr gute Anpassung. In den Plot sind die Überschreitungswahrscheinlichkeiten für die Werte 1300 und 1500 eingetragen.

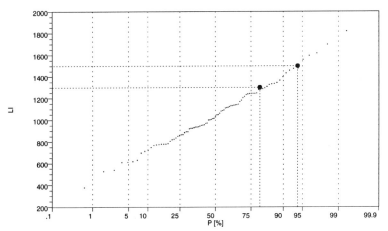

Abb. 31: Wahrscheinlichkeitsplot für den Index *LI*.

3.9 Zusammenfassung

In der Fallstudie Rheinhessen werden zum einen GIS-gestützte Modelle zur räumlichen Verbreitung bzw. Auftrittswahrscheinlichkeit von Massenbewegungen vorgestellt. Zum anderen werden Untersuchungen präsentiert, die den Zusammenhang zwischen klimatischen Parametern und Phasen verstärkter Rutschungaktivität während der letzten rund 100 Jahre zum Inhalt haben.

Bei der räumlichen Modellierung wurde besonderes Augenmerk auf die Verwendung geomorphometrischer Attribute gelegt. Mit Hilfe des GIS wurde eine Kontingenztabelle geomorphometrischer und geologischer Kategorien erzeugt, die einer logistischen Regression unterzogen wurde. Die Ergebnisse der statistischen Modellierung wurden im GIS in eine Gefahrenkarte umgesetzt. Nach den Modellergebnissen können vor allen Dingen die Hangneigung sowie die Hangposition zur Erklärung des räumlichen Verbreitungsmusters herangezogen werden. Daß die Einstufung der geologischen Einheiten nur eine geringe Verbesserung des Wahrscheinlichkeitsmodells bringt, bedeutet nicht, daß die geotechnischen Eigenschaften für den Prozeß unwichtig sind, vielmehr machen die Ergebnisse deutlich, daß zwischen den geologischen Verhältnissen und der Reliefgeometrie ein enger Zusammenhang besteht. Eine detaillierte Untersuchung der Wölbungstendenz hat gezeigt, daß die Ungenauigkeiten des verwedeten 40 m-DGMs eine Verwendung der Wölbung nicht erlauben. Das wesentlich genauere 20 m-DGM liefert zwar bessere Werte, trotzdem konnte durch die Einbeziehung der Wölbungsparameter keine verbesserte Modellanpassung erzielt werden. Hier zeigt sich die eingeschränkte, auf den Untersuchungsmaßstab zurückzuführende Aussagekraft statistischer Modelle, und es wird deutlich, daß nur gezielte Messungen an aktuellen Massenbewegungen die Bedeutung der Wölbung klären können. Diese müssen unter Einbeziehung der Substratgenese an sinnvoll ausgewählten Lokalitäten stattfinden. Hierzu sind mehrere Meßjahre notwendig. In dem Folgeprojekt *Massenbewegungen in Süddeutschland* (MABIS 1995) wird diesen Beziehungen gezielt nachgegangen.

Hinsichtlich der zeitlichen Auftrittswahrscheinlichkeiten wurde mit einem Wasserbilanzmodell versucht, den Zusammenhang zwischen Klima und dem Auftreten von Massenbewegungen zu beschreiben und mittels eines Wiederkehrintervalls eine Wahrscheinlichkeitsaussage zu treffen. Die vorgestellten Ergebnisse lassen einen Zusammenhang zwischen Massenbewegungen und dem klimatischen Geschehen während der letzten 100 Jahre erkennen. Dabei wurde das Klima über einen einfachen Index parametrisiert. Die meisten Ereignisse, die aus den vorhandenen historischen Daten als Jahre mit verstärkter Massenbewegungsaktivität interpretiert wurden, fallen mit Jahren zusammen, in denen sich über mehrere Jahre hinweg eine positive Wasserbilanz aufbauen konnte. Eine Häufigkeitsanalyse derartiger klimatischer Zustände zeigt, daß bei den gegenwärtigen Bedingungen eine solche Situation ein Wiederkehrintervall von etwa fünf bis sechs Jahren besitzt. Die klimatische Situation des Extremereignisses von 1981/82 besitzt ein Wiederkehrintervall von ca. 50 Jahren. In der präsentierten Kurve fallen die Rutschungsphasen mit hohen Werten des Index zusammen. Es fallen jedoch auch hohe Werte des Index auf, ohne daß Rutschungen bekannt wären. Das hat nach Meinung des Autors verschiedene Ursachen. Einerseits basieren die Ereignisjahre z.T. nur auf wenigen Eregnissen, was erhebliche statistische Unsicherheiten mit sich bringt. Andererseits konnte auch keine Trennung der Massenbewegungen nach ihrem Typus vorgenommen werden, was widerum eine starke Generalisierung des tatsächlichen Geschehens darstellt. Insgesamt erweist sich die Datenbasis historischer Rutschungsereignisse als problematisch und nur die Erschließung neuer historischer Quellen könnte das Modell verbessern.

4. ERSTELLUNG EINER HANGRUTSCHUNGSGEFÄHRDUNGSKARTE FÜR TULLY VALLEY UND UMGEBUNG, US BUNDESSTAAT NEW YORK

4.1 Einführung

Die in diesem Kapitel vorgestellten Untersuchungen wurden im Rahmen eines zehnmonatigen Forschungsaufenthaltes am National Center des US Geological Survey in Reston, Virginia, durchgeführt. Dies ist eine Studie mit starkem Anwendungsbezug, in der von Beginn an sowohl lokale als auch regionale Planungsbehörden mit einbezogen waren. Dazu gehören die Gemeinden Tully und LaFayette und das Onondaga County Environmental Management Council. Die hier präsentierte Fallstudie ist auch als Open-File-Report des USGS veröffentlicht worden (JÄGER & WIECZOREK 1994).

Am 27. April 1993 wurden drei Einfamilienhäuser von einer Hangrutschung am Fuße von Bare Mountain, Tully Valley, schwer beschädigt, vier weitere mußten evakuiert werden. Die Rutschung (Abb. 32) ereignete sich nach außerordentlichen Niederschlägen, die für den April 190 mm erbrachten. Eine abschmelzende Schneedecke lieferte zusätzliche Feuchtigkeit. Nach FICKIES (1993) handelt es sich bei dieser Rutschung sowohl volumen- als auch flächenmäßig um die größte Massenbewegung im

Abb. 32: Hangrutschung am Fuße von Bare Mountain, Tully Valley, New York. Die Aufnahme entstand kurz nach dem Ereignis am 27. April 1993 (Foto: G.F. Wieczorek).

Staat New York seit 75 Jahren. Die Hauptbewegungsphase dauerte ca. 30 Minuten (W. KAPPEL, USGS Ithaca, pers. Mitteilung 1993). Nach der Klassifikation von VARNES (1978) handelt es sich bei der Massenbewegung um eine schnelle Rotationsrutschung mit anschließendem Übergang in ein Erdfließen (*rapid slump-earth flow*).

Bei einer ersten Geländebegehung im Oktober 1994 zeigte sich, daß in direkter Nachbarschaft eine weitere, inaktive Rutschung erkennbar ist, deren Alter zwar nicht bekannt ist, jedoch nach Abschätzung der Alter der im Bereich des Abrisses wachsenden Bäume auf mindestens 200 Jahre geschätzt werden kann (KAPPEL, USGS Ithaca, pers. Mitteilung 1993). Nach dem Ereignis des 27. April wurde der USGS als zuständige Behörde mit einer ersten Begutachtung beauftragt, die jedoch aus finanziellen Gründen nicht über eine erste Bestandsaufnahme dieser Einzelrutschung hinausging. Die lokalen und regionalen Behörden waren aber an einer großräumigeren Abschätzung der durch Massenbewegungen gegebenen Gefahren interessiert und nach einer Geländebegehung wurde die in dieser Arbeit vorgestellte Untersuchung durchgeführt, die sowohl das betroffene Tal als auch zwei Nachbartäler umfaßt.

4.2 Auswahl und Lage des Untersuchungsgebietes

4.2.1 Auswahlbedingungen

Bei der Abgrenzung des Gebietes, das von der Gefahrenkarte abgedeckt sein sollte, spielten verschiedene Gesichtspunkte eine Rolle. So wurde zum einen angestrebt, eine geologisch und geomorphologisch möglichst ähnliche Situation, wie sie in Tully Valley gegeben ist, zu wählen. Auch sollte das Gebiet gut mit Luftbildern dokumentiert sein. Zusätzlich sollte das Gebiet verwaltungspolitisch in einem Kreis (County) liegen, um die Zusammenarbeit mit den lokalen Entscheidungsträgern einfacher zu gestalten. Nicht zuletzt sollte die Bearbeitung in einem vernünftigen zeitlichen Rahmen zu bewältigen sein. Unter Berücksichtigung dieser Punkte wurde das Gebiet von Otisco Valley, Tully Valley und Butternut Valley gewählt (s. Abb. 33). Es umfaßt eine Fläche von ca. 415 km^2.

4.2.2 Lage und physische Geographie

Die Region der Finger Lakes gehört zu den klassischen Untersuchungsgebieten der nordamerikanischen Quartärforschung, weswegen eine Beschreibung der wichtigsten Grundzüge an dieser Stelle als ausreichend erscheint und ein Verweis auf die Literatur genügen sollte (z.B. VON ENGELN 1961, COATES 1974). Tully Valley liegt am östlichen Rand der Region der Finger Lakes, einer Gruppe von Seen, die während des Rückschmelzens der letzten Vereisung vor ca. 12.000 Jahren (HAND 1978) entstanden. Es handelt sich hierbei um langgestreckte, in nord-südlicher Richtung verlaufende Seen, die am Südende durch die Endmoräne des Valley-Heads-Stadiums der Wisconsin-Vereisungsphase aufgestaut wurden. Das Eis benutzte dabei wohl schon

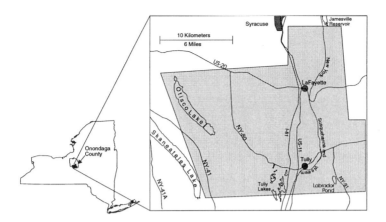

Abb. 33: Abgrenzung des Untersuchungsgebietes um Tully Valley im US-Bundesstaat New York. Die grau schraffierte Fläche stellt das Gebiet dar, für welches Luftbilder vorhanden waren.

tertiär angelegte Täler. Das Länge-Breite-Verhältnis beträgt bei allen Seen etwa 10:1 (COATES 1968). Nördlich waren die Abflußwege von Ausläufern des Laurentischen Eisschildes blockiert, so daß sich während des Rückschmelzens Seen mit weitaus höheren Seespiegeln als der heutigen bildeten. Nachdem dann der Weg für das Wasser nach Osten frei geworden war, blieben in den vom Eis vertieften Trogtälern Seen zurück. In Tully Valley und dem östlichen Nachbartal Butternut Valley selbst befinden sich keine Seen mehr, weshalb diese gelegentlich auch als die *trockenen Fingerseen* bezeichnet werden. Die Finger Lakes liegen großräumig gesehen am Nordende des zu den Appalachen gehörenden Allegheny-Plateaus, im Übergangsbereich zum Tiefland des Ontariosees. Abb. 34 zeigt die großräumige Einordnung des Untersuchungsgebietes.

4.2.3   Geschichte der glazialen Seen

Bei den folgenden Ausführungen wird besonderer Wert auf die glaziale Entwicklung des Gebietes gelegt, da eine erste Arbeitshypothese lautete, daß die Entstehung der Seen einen wesentlichen Faktor für die Disposition der Massenbewegungen darstellt. Diese Hypothese leitet sich in erster Linie durch die Beobachtung der in der Abrißzone der oben beschriebenen Massenbewegung sichtbaren glazialen Seetone ab, die von Grundmoränenmaterial und Hangschutt überlagert sind. Diese Situation stellt eine als fast klassisch zu bezeichnende Überlagerung von relativ gut durchlässigem Material über fast undurchlässigem dar (Abb. 35).

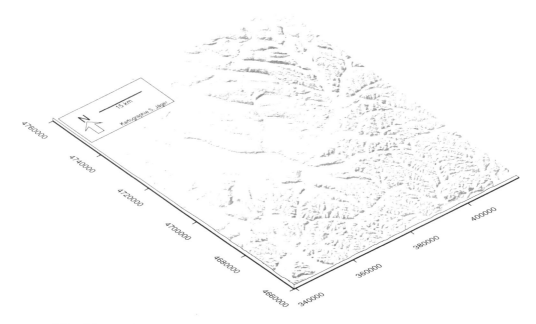

Abb. 34: Großräumige Lage des Untersuchungsgebietes (weißes Polygon)

Die glaziale Entstehung der Seen hat sich in mehreren Stadien vollzogen. Es handelt es sich um eine Serie von proglazialen Seen (Eisstauseen), um deren Erforschung sich besonders FAIRCHILD (z.B. 1898, 1899, 1934a, 1934b) in zahlreichen Publikationen verdient gemacht hat. Während mehrerer Eisvorstoß- und Rückschmelzphasen hat sich eine komplexe Sequenz proglazialer Seen (Eisstauseen) abgespielt. Bei weit nach Süden vorgestoßenen Eismassen waren zeitweise unabhängige Niveaus in den einzelnen Tälern enstanden. Bei Eisrückzug enstanden dann zwischen den Tälern neue Abflußwege, die die Täler wieder verbanden und über die das Wasser abfließen konnte. Zahlreiche Überlaufrinnen zeugen von enormen Abflußmengen, die nach Berechnungen von (HAND 1978) größenordnungsmäßig zum Teil denen der Niagarafälle entsprochen haben (ca. 17.000 m^3/s). Es kann davon ausgegangen werden, daß beim Freiwerden neuer Abflußwege enorme Abflußmengen in kürzester Zeit zu einem Absinken des Seespiegels führten. Die komplexen Sequenzen dieser Seespiegeländerungen hat FAIRCHILD (u. a. 1899, 1934) in fast 100 Publikationen veröffentlicht.

Abb. 35: Profil an der seitlichen Abrißzone des Tully Valley Mudslides. Im unteren Bereich sind klar die roten Seetone zu erkennen, die von Grundmoränenmaterial und Hangschutt überlagert sind. Die Mächtigkeit des abgebildeten Profils beträgt ca. 2 m.

Die Kenntnis der glazialen Entwicklung und auch der Formen, die diese geschaffen hat, ist für die Bearbeitung der Massenbewegungsproblematik in diesem Gebiet von großer Bedeutung. Zum einen haben die glazialen Prozesse zur Ablagerung rutschhöffiger Sedimente geführt. Zum anderen ist bekannt, daß sowohl das schnelle Absinken als auch das Auffüllen eines Sees die Hangstabilität erheblich reduzieren kann. Falls der Porenwasserdruck sich nicht sofort den veränderten Bedingungen, die sich nach dem Absinken des Wasserspiegels einstellen, anpassen, d.h. sinken kann, so herrschen im Hang hohe und eventuell überkritische Porenwasserdrücke (LAMBE & WHITMAN 1969). So beschreiben LEE & DUNCAN (1975) sowie SCHUSTER (1979) dieses Phänomen für Massenbewegungen in Peru. Auch der Bergsturz von Vaiont in den italienischen Alpen, der sich am 9. Oktober 1963 ereignete und dem 2.500 Menschen zum Opfer fielen, wird mit diesem Prozeß in Verbindung gebracht.

4.3 Massenbewegungen in glazialen Seesedimenten New Yorks

Eine Durchsicht der Literatur lieferte nur sehr wenige Indizien über bisherige Massenbewegungsprozesse in der Umgebung von Tully Valley. Jedoch finden sich erste Beschreibungen von Rutschungen in glazialen Seesedimenten bei NEWLAND (1909, 1916), der Rutschungen in Tonen und normalkonsolidierten, d.h. unvorbelasteten Sedimenten Anfang des Jahrhunderts im Hudson River Valley beschrieben und untersucht hat. Im Tal des Hudson River hatte sich im Spätpleistozän ein Eisstausee mit dem Namen *Glacial Lake Albany* gebildet, in dem derartige Sedimente abgelagert wurden. Diese Region liegt rd. 240 km östlich der Finger Lakes, hat jedoch eine ähnliche geomorphologische Entwicklung durchlaufen und bietet somit eine interessante Analogie zur vorliegenden Studie. Etwas aktueller sind die Arbeiten von DUNN & BANINO (1977), die Stabilitätsprobleme mit Lake-Albany-Tonen anhand mehrerer Beispiele beschreiben. Im Rahmen einer den gesamten Bundesstaat umfassenden Inventarisierung haben FICKIES & BRABB (1989), basierend auf historischen Berichten, eine Karte im Maßstab 1:500.000 veröffentlicht, in der vier relativ kleine rezente Rutschungen für das Gebiet um Tully enthalten sind. Aufgrund des kleinen Maßstabs und auch nach Einsicht der Originalunterlagen erwies es sich jedoch als unmöglich, die genaue Lokalität im Gelände zu finden.

4.4 Methodischer Ansatz

Da die Studie auch dazu dienen soll, die Methodik der kategorialen Datenmodellierung, wie sie im Kapitel Rheinhessen angewandt wurde, in einem weiteren Gebiet zu testen, wurde die Erstellung der Gefahrenkarte darauf abgestimmt. Es galt also Faktoren flächenmäßig zu erfassen, die nach der Arbeitshypothese die räumliche Verteilung der Massenbewegungen erklären können.

Aus den Ausführungen zur Methodik in der Fallstudie Rheinhessen wird ersichtlich, daß ein entsprechendes Modell nur mit einer vorhandenen Verbreitungskarte von Massenbewegungen getestet werden kann. Da dies für das Untersuchungsgebiet noch nicht vorhanden war, bestand der erste Schritt in einer luftbildgestützten Inventarisierung.

Auf weitere Ausführungen zu den statistischen Verfahrensweisen wird an dieser Stelle verzichtet, da diese in Kapitel 3 erläutert sind. In den folgenden Unterkapiteln wird die Vorgehensweise bei der Erhebung der Basisfaktoren erläutert.

4.5 Basisdaten - Modellfaktoren

4.5.1 Inventarisierung der Massenbewegungen

Die Inventarisierung der Massenbewegungen erfolgte in zwei Schritten. Zunächst wurden 360 Schwarz/Weiß-Luftbilder im Maßstab 1:10.000 stereoskopisch interpretiert. Dabei war besondere Aufmerksamkeit geboten, da in dem ehemals von Eis bedeckten Gebiet glaziale Formen, wie z.B. unebene Grundmoränentopographie, im Luftbild leicht als Anzeichen für Massenbewegungen gehalten werden können. Der zweite Schritt beinhaltete die Überprüfung der Luftbildinterpretation während eines zweiwöchigen Geländeaufenthaltes im April/Mai 1994. In dieser Zeit wurde jede bei der Luftbildinterpretation vermutete Massenbewegung vor Ort überprüft und entweder ins Inventar übernommen oder aus selbigem gestrichen. Etwa 10 % der aus den Luftaufnahmen abgeleiteten Stellen mit möglichen Massenbewegungen wurden verworfen. Etwa die gleiche Menge neu im Gelände entdeckter wurde hinzugenommen, von denen die meisten aktiv waren bzw. erst nach den Luftbildaufnahmen aufgetreten waren. Weiterhin wurden einige weitere Rutschungen ins Inventar übernommen, die während der Geländebegehung entdeckt wurden, jedoch ein Stück außerhalb des eigentlichen Untersuchungsgebietes liegen. Von der Modellbildung wurden diese jedoch ausgenommen, da nicht gewährleistet war, daß es sich bei den außerhalb des Untersuchungsgebietes liegenden um die einzigen handelt, da ja eine Kartierung aus dem Luftbild für diese Region nicht erfolgt war. Trotz teilweise starker Vegetationsbedeckung waren einige der im Luftbild als fraglich erscheinenden Massenbewegungen sehr leicht als solche im Gelände erkennbar. Die Erfahrung im Gelände zeigt, wie wichtig die Überprüfung der Luftbildinterpretation ist.

Während der Geländeüberprüfung wurde angestrebt, sowohl den Typ als auch nach Möglichkeit ein relatives Alter für jede Rutschung anzugeben. Für die Alterseinstufung wurden drei Klassen gewählt:

- aktiv bzw. rezent aktiv
- alt
- sehr alt / pleistozän

Obwohl es keine festen Regeln für die Alterseinteilung gibt (s. Einführung), wurde versucht, diese Einteilung sowohl anhand der geomorphographischen Erscheinung als auch an den die Massenbewegung umgebenden Erkennungsmerkmalen, wie z.B. dem Alter der Vegetation vorzunehmen (s. MCCALPIN, 1984, WIECZOREK, 1984, JIBSON & KEEFER, 1988). Es liegen keinerlei absolute Datierungen, wie z.B historische Dokumentationen, ^{14}C-Datierungen oder dendrochronologische Daten vor, mit denen die Altersangaben genauer erfaßbar gewesen wären. Dennoch erschien eine Alterseinteilung der Massenbewegungen sinnvoll, denn aufbauend auf der Arbeitshypothese konnte davon ausgegangen werden, daß aufgrund der geomorphologischen Entwicklung zu unterschiedlichen Zeiten andere Prozesse für die Auslösung von

Massenbewegungen verantwortlich waren bzw. sind. Aufgrund dieser Überlegungen wurde versucht, diesen relativen Altern eine ungefähre Zeitspanne zuzuordnen. So werden die *aktiven* bzw. *rezent aktiven* Prozesse in eine Zeitspanne von 0 bis ca. 200 Jahren eingestuft, ein Rahmen der in etwa die historische Besiedlung der Gegend umfaßt, wenn man die Geschichte der Urbevölkerung außer Acht läßt. Als *alt* bezeichnete Prozesse umfassen einen relativ langen Zeitraum von etwa 10.000 Jahren BP bis 200 Jahre BP, also das ganze Holozän. Hierin zeigt sich die Schwierigkeit bei der Altersansprache. Als *sehr alte* Prozesse wurden solche eingestuft, von denen ein spätpleistozänes Alter (ca. 14.000 BP - 10.000 BP) bzw. Prozeßgefüge angenommen wurde. Diese Stufe dient vor allen Dingen dazu, eine Abgrenzung holozäner und pleistozäner Massenbewegungen zu erhalten. Zur Klassifizierung der Massenbewegungstypen wurde auf das System von VARNES (1978) zurückgegriffen. Insgesamt enthält das Inventar 72 Rutschungen, davon wurden 22 % (21) als aktiv bzw. rezent aktiv eingestuft, 52 % (36) fielen in die Kategorie *alt* und die restlichen 26 % (15) wurden als *sehr alt* eingestuft.

Bei der Mehrzahl der kartierten Phänomene handelt es sich um Prozesse in normalkonsolidierten Substraten (s. GUDEHUS 1981), überwiegend Tone und Moränenmaterial. Zahlenmäßig haben Rotationsrutschungen in Lockermaterial (24) und Erdfließungen (21) den größten Anteil. Hinzu kommen debris slides (8) und debris flows (3), die sich vor allem im nördlichen Teil des Gebiets ereignen, wo glaziale Deltaablagerungen, die überwiegend aus Kiesen bestehen, das entsprechende Material für derartige Prozesse liefern. Auch an Uferrändern der Vorfluter kommen diese vor, wo sie durch Unterschneidung der Böschungen ausgelöst werden.

Als eine Besonderheit stellt sich das Gebiet um *Rattlesnake Gulf* dar (s. Abb. 36), das in der Inventarkarte zwar als einzelner Rutschkörper dargestellt ist, bei dem es sich in der Realität jedoch um ein komplexes System von ineinander geschachtelten Rutschungen unterschiedlichen Alters und Typs handelt. Dieses System wird von einem Vorfluter durch anhaltende Einschneidung gesteuert, der sich in einer Überlaufrinne zwischen Otisco Valley und Tully Valley befindet und sich noch aktiv einschneidet. Eine vergleichbare Situation befindet sich auf der östlich gegenüberliegenden Seite am *Rainbow Creek*, der ebenfalls eine Überlaufrinne zwischen Tully Valley und Butternut Valley darstellt.

Es wurden auch sehr große tiefgreifende Block- und Mehrfachrutschungen in Kalken kartiert, überwiegend am Nordende von Tully Valley, von denen angenommen wird, daß sie sehr alt und inaktiv sind. Sie wurden aus diesem Grund nicht in die Studie einbezogen.

Der USGS gibt einen mittlerern absoluten Höhenfehler von ± 30 m an, wobei der tatsächliche Fehler von Punkt zu Punkt wesentlich niedriger liegt, jedoch nicht angegeben wird (USGS 1990). Das 30-m-Modell der 1:24.000er Topokarten ist zur Zeit in Bearbeitung und stand für die Untersuchung noch nicht zur Verfügung. Die

Abb. 36: Rutschungen in Rattlesnake Gulf. Oben: Junge Rotationsanbrüche in Seetonen, Unten: Ältere Anbrüche, etwa 300 m hangaufwärts des oberen Bildes.

folgenden zwei Unterkapitel erläutern die Ableitung der Modellfaktoren Hangneigung und Seeniveau.

Nach der Geländekartierung, bei der auch eine möglichst genaue Abgrenzung der Rutschungsareale erfolgte, wurden diese mit Hilfe eines GIS digitalisiert und in eine Inventarkarte und -datenbank überführt (s. Abb. 37). Die prozentuale sowie flächenmäßige Verteilung der Altersstufen und Massenbewegungstypen zeigt Tabelle 17.

Tab. 17: Flächenmäßige und prozentuale Verteilung der kartierten Massenbewegungen nach Typ und Altersklassen.

Alter/Aktivivität	Anteil	EF	ES	DF	DS	BS	MRS	U	S
aktiv/rezent aktiv	n	1	12	2	6	0	0	0	21
	%	5	50	67	75	0	0	0	29
	F	0.47	35.55	0.66	0.72	0.00	0.00	0.00	37.40
alt	n	15	10	1	2	3	4	1	36
	%	71	42	33	25	33	80	50	50
	F	65.00	24.32	18.99	13.52	7.79	38.01	25.49	193.12
sehr alt/pleistozän	n	5	2	0	0	6	1	1	15
	%	24	8	0	0	67	20	50	21
	F	38.87	44.75	0.00	0.00	77.90	41.89	19.62	223.03
Gesamt	n	21	24	3	8	9	5	2	72
	%	100	100	100	100	100	100	100	100
	F	104.34	104.62	19.65	14.24	85.69	79.90	45.11	453.55

Anmerkungen: EF: earth flow, ES: earth slide, DF: debris flow, DS: debris slide, BS: block slide, MRS: multiple rotational slide, U: unbestimmt, n: Anzahl, %: Prozentualer Anteil am jeweiligen Typ, F: Fläche in Hektar (Deutsche Terminologie siehe Tabelle 2).

4.5.2 Digitales Höhenmodell

Aufbauend auf der Hypothese, daß sowohl die Hangneigung als auch die verschiedenen Niveaus der proglazialen Seen als Erklärungsfaktoren für die räumliche Verteilung der Massenbewegungen herangezogen werden können, wurde für die Modellierung ein Digitales Höhenmodell verwendet. Leider stand für das Untersuchungsgebiet nur das 90 m-DHM des 1:250.000 Blattes Elmira (NY) zur Verfügung, so daß davon ausgegangen werden muß, daß die Hangneigungsverhältnisse nur mit einer relativ geringen Genauigkeit modelliert werden können.

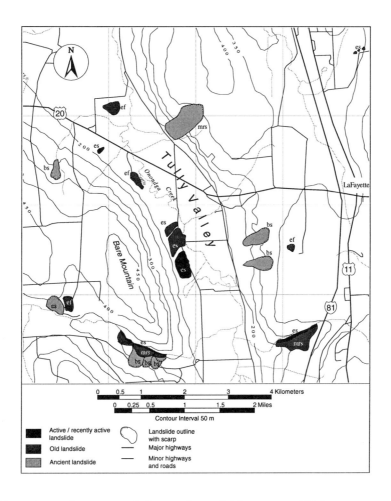

Abb. 37: Inventarkarte (Ausschnitt aus JÄGER & WIECZOREK 1994).

4.5.2.1 Hangneigung

Die Bedeutung der Hangneigung in regionalen GIS-gestützten Gefahrenmodellen wurde bereits in den Einführungskapiteln herausgehoben (vgl. BRABB et al., 1972; CARRARA, 1983; CAMPBELL & BERNKNOPF, 1993; DIKAU & JÄGER, 1994). Die Berechnung des Hangneigungsfaktors erfolgte mit den schon in Kapitel 3 beschriebenen Verfahren. Es wurde zunächst wie in der Fallstudie Rheinhessen versucht, mit verschiedenen Klassifizierungen der Hangneigung anhand des Failure-rate-Wertes (s. Gl. 9) eine gute Trennung der Daten zu erreichen. Die Untersuchungen hierzu wurden sowohl getrennt nach den Altersstufen als auch für die Gesamtdaten durchgeführt. Die Ergebnisse sind in Tabelle 18 dargestellt. Es zeigt sich, daß hier keine Klassifizierung gefunden werden konnte, welche eine gute Trennung der Daten ermöglichte. Die berechneten Failure-Rate-Werte liegen nur wenig über eins. Die in der Tabelle verwendete Einstufung erwies sich als die beste. Die Gründe für dieses Ergebnis können zum einen darin liegen, daß die relativ geringe Auflösung des DHMs nicht in der Lage ist, die realen Verhältnisse für eine Untersuchung dieses Maßstabes abzubilden. Zum anderen kann es sein, daß die geringen Failure-Rate-Werte darauf hindeuten, daß die Hangneigung für den Massenbewegungsprozeß nur eine untergeordnete Rolle spielt und andere Faktoren wichtiger sind.

Tab. 18: Failure-rate-Werte für 5°-Hangneigungsstufen.

Hangneigungsstufe	Aktiv/ rezent aktiv	Alt	Sehr alt/ pleistozän	Alle
0-5°	0.67	1.01	0.48	0.70
6°-10°	1.75	1.13	1.79	1.54
11°-15°	1.56	0.83	2.31	1.66
16-25°	0.75	0.42	1.85	1.18
> 25°	0	0	0	0

4.5.2.2 Seeniveaus

Basierend auf den Publikationen von FAIRCHILD (1898, 1899, 1934a, 1934b) haben BLAGBROUGH (1951) und GRASSO (1970) die Sequenz der proglazialen Seen für die Umgebung von Tully und Otisco Valley erarbeitet. Die Strandlinien dieser Seen sind heute leicht gekippt, da sich das Gebiet aufgrund isostatischer Ausgleichsbewegungen nach dem Rückzug des Laurentischen Eisschildes leicht gehoben hat. Diese Hebung verläuft etwa in nord-südlicher Richtung und beträgt gegenwärtig ca. 0.7 m/km (FAIRCHILD, 1934a). Für das Untersuchungsgebiet ergibt sich somit ein Kippungsbetrag von etwa 10 m.

Um die Seeniveaus im GIS als Informationsschicht zu erhalten, wurde ein Programm geschrieben, welches nach Vorgabe eines Einfallswinkels und einer Streichrichtung an einem beliebig wählbaren Punkt ein DHM in Form einer geneigten Fläche berechnet (s. Anhang E). Mittels des GRASS-Moduls *r.mapcalc* konnte durch einfaches Vergleichen des DHMs eines beliebigen Seeniveaus mit dem DHM der aktuellen Oberfläche die Fläche bestimmt werden, welche unterhalb des jeweiligen Niveaus liegt und somit als potentieller Ablagerungsraum für Seetone in Frage kommt bzw. Gebiete zeigt, die von steigenden oder schnell fallenden Seespiegeln betroffen sein könnten. Die Regel zur Erzeugung einer solchen Datenschicht in der GRASS-Notation hat folgendes Aussehen:

```
r.mapcalc 'ocl=if(elmira.dem,if(elmira.dem<otisco_cardiff_lake))'
```

ocl   Fläche unterhalb des Seeniveaus
elmira.dem   DHM
otisco_cardiff_lake   Gekippte Seeoberfläche

Als Ergebnis dieser Operation erhält man für jedes Seeniveau eine binäre Karte, d.h. eine Karte mit den zwei möglichen Ausprägungen *über* und *unter* dem jeweiligen Seeniveau, welche dann als kategoriale Variable in das logistische Modell integriert werden kann. Für die vorliegende Arbeit erschien es trotz der sehr großen Komplexität der Seestadienabfolge ausreichend, von den zahlreichen Seestadien nur drei auszuwählen und auf ihre Bedeutung zu untersuchen, um so nicht eine Überbewertung dieses Faktors im Modell zu erhalten. Die verwendeten Seeniveaus liegen zeitlich in der Valley-Heads-Periode (FAIRCHILD; 1898, BLAGBROUGH 1951, FULLERTON 1980), dem für Tully Valley wichtigsten Rückzugsstadium während der Wisconsin-Vereisung. Es ist zeitlich etwa bei 12.950 BC einzuordnen (s. FULLERTON 1980).

Obwohl die genauen Verbindungen zwischen den Seen nördlich von Tully Valley nicht genau bekannt sind und es nicht sicher ist, ob die hier modellhaft abgeleiteten Seen untereinander verbunden waren, wurde von einem einheitlichen Seespiegel in den drei Tälern ausgegangen. Folgende Punkte bzw. Niveaus wurden zur Berechnung herangezogen (Tabelle 19). Die räumliche Verbreitung dieser Niveaus ist in Abb. 38 (im Anhang) dargestellt.

Tab. 19: Koordinaten und Höhenangaben zur Berechnung der Seeniveau-DHMs

Name des Seeniveaus	UTM Nordwert	UTM Ostwert	Höhe
Glacial Lake Otisco and Cardiff	403000	4735500	384
Lake Heath Grove	393000	4747700	317
First Lake Marietta	389000	4756000	287

Diese Strandlinien sind mit Vorsicht zu bewerten. Besonders in flachem Gelände und unter Berücksichtigung der Fehler des DHM können lokal starke Abweichungen von der Realität entstehen. Die Ableitung der Seeniveaus stellt ein regionales Modell dar, dessen Übertragung auf lokale Maßstäbe nicht abgesichert ist. Bei lokalen Fragen sollte auf alle Fälle der Geländebefund an erster Stelle stehen.

4.5.3 Böden

Als weitere Informationsquelle diente die bodenkundliche Kartierung von Onondaga County im Maßstab 1:20.000 (USDA, 1977). Aus den Profilbeschreibungen der Bodeneinheiten wurden diejenigen herausgegriffen, welche im C-Horizont einen hohen Tongehalt zeigen, der entweder vom Kartierer bereits als glazialer Seeton angesprochen wurde oder aber durch die Beschreibung mit großer Wahrscheinlichkeit als solcher eingestuft werden kann (s. Tab. 20). Die Kartierung ist auf ca. 60 Orthophotokarten im Maßstab 1:20,000 festgehalten, von welchen die entsprechenden Serien digitalisiert wurden. Da die Bodenkartierung maximal nur die obersten zwei Meter erfaßt und teilweise mehrere Meter Kolluvium über den Tonen liegen, erfaßt die Digitalisierung nur die räumliche Mindestausdehnung potentieller Seetone. Folgende Serien wurden digital erfaßt: Collamer Series, Lakemont Series, Niagara Series, Odessa Series, Rhinebek Series, Shoharie Series und Williamson Series (USDA, 1977).

Tab. 20: Verkürzte Profilbeschreibungen der digital erfaßten Bodenserien (nach USDA 1977).

Serienname	Profilzezeichnungen	Beschreibung des C-Horizontes
Collamer Series	ChA, ChB	Entstanden auf schluffigen bis feinstsandigen Seesedimenten, schluffiger Lehm
Lakemont Series	Lk	Entstanden auf glazialen Seetonen, schluffiger Ton von dunkelroter Farbe (5YR4/2), schlechte Drainage
Niagara Series	NgA	Entstanden auf glazialen Seesedimenten, schluffiger Lehm, Feinstsande und Tone von graubrauner (25Y5/2) bis dunkelroter Farbe (5YR4/2) mit mittlerem Tongehalt.
Odessa Series	OdA, OdA	Entstanden auf glazialen Seesedimenten, schluffiger Ton, fest, plastisch, rotbraune (5YR5/3) Färbung
Rhinebek Series	Rh	Entstanden auf glazialen Seesedimenten, schluffiger Ton bis Feinsand, dunkelgraue (10YR4/1) bis olive (5Y5/4) Färbung
Shoharie Series	ScB, ScC, SdD, SEE	Entstanden auf glazialen Seesedimenten, schluffiger Ton, z.T. Varven, rotbraune (5YR4/3) bis schwach rote Färbung (2.5YR5/2)
Williamson Series	WwA, WwB, WwC	Entstanden auf glazialen Seesedimenten, Schluff bis Feinstsand mit geringerem Tongehalt, gelbbraune (10YR4/4) Färbung

4.6 Ergebnisse

Tab. 21: Übersicht über die verwendeten Datenquellen

Modellfaktor	Primäre Datenquelle	Sekundäre Datenquelle
Hangneigung	DHM Elmira 1:250,000 (Auflösung: 1', ca. 90 m)	Berechnung mit GRASS
Seeniveaus	DHM Elmira 1:250,000 (Auflösung: 1') bzw. Literatur (im Text)	Berechnung mit GRASS
Bodeneinheiten	Bodenkarten 1:20,000 (USDA)	Digitalisierung

Für die Modellberechnungen wurde die gleiche Methode angewandt wie für die Fallstudie Rheinhessen, weshalb an dieser Stelle ein Verweis auf Kapitel 3 genügen soll. Die Kontingenztabelle für die statistischen Berechnungen ist in Anhang D aufgelistet. In Tabelle 21 sind die Datenquellen noch einmal übersichtlich dargestellt. Auf Basis der Kontingenztabelle wurden folgende Modelle getestet (Tab. 22). Für die Erstellung der Hangrutschungsgefährdungskarte (Abb. 39) wurde Modell Nr. 1 ausgewählt, da es die bei einer geringen Anzahl an Parametern eine hohe Anzahl an Freiheitsgraden besitzt.

Wie auch in der Fallstudie Rheinhessen zeigt sich, daß mehrere Modelle an die Daten angepaßt werden können. Wie jedoch schon aufgrund der Beschreibung der Ausgangsdaten zu erwarten war, ist die Anpassung nur unbefriedigend erreicht worden. Die Hangneigung zeigte, daß mit diesem Parameter keine klare Trennung der Massenbewegungsareale erreichbar war, im Gegensatz zur Fallstudie Rheinhessen. Auch die pleistozänen Seespiegelstände lassen nur tendenziell Einflüsse erkennen. Geologische Information war nur aus den Bodenkarten ableitbar. Insofern muß die geologisch-lithologische Information als eingeschränkt nutzbar betrachtet werden. In Tab. 23 sind die berechneten Regressionsparameter aufgelistet.

Tab. 22: Getestete Faktorenkombinationen für die Fallstudie Tully Valley.

Nr.	Faktoren[*]	LR	Probability	FG	Anpassung
1	SOILS OCL HGL FLM SLOPE	10406	0.0000	28	ja
2	SLOPE SOILS OCL	3873	0.0000	12	ja
3	SLOPE SOILS*OCL	12608	0.0000	13	ja
	SLOPE OCL	2402	0.0000	4	ja

[*] SOILS: Bodensereien gemäß Tab. 20, OCL: Otisco-Cardiff Lake, HGL: Lake Heath Grove, FLM: First Marietta Lake, SLOPE: Hangneigungsstufen gemäß Tabelle 18, LR: Likelyhood Ratio, FG: Freiheitsgrade

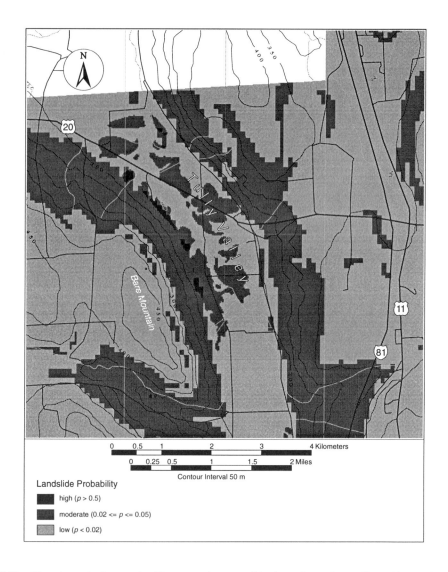

Abb. 39: Ausschnitt aus der Hangrutschungsgefährdungskarte für Tully Valley und Umgebung (Ausschnitt aus JÄGER & WIECZOREK 1994).

Tab. 23: Berechnete Regressionsparameter für Modell Nr. 1

Faktor	Parameter	Wert	χ^2-Wert	Probability
Intercept	1	4.2628	95099	0.0000
Boden	2	0.4350	2473	0.0000
Otisco-Cardiff Lake	3	0.4486	4985	0.0000
Lake Heath Grove	4	0.2850	1393	0.0000
First Marietta Lake	5	-0.0745	93	0.0000
Neigungskategorie	6	1.2014	998	0.0000
	7	0.2520	420	0.0000
	8	-0.1494	59	0.0000
	9	-0.6110	2437	0.0000

Anhand dieser Tabelle wurden nun wie in der Fallstudie Rheinhessen vorgegangen und zunächst die logits der Faktorenkombinationen berechnet bzw. ihre Wahrscheinlichkeiten. Auch diese wurden dann mit den beobachteten Wahrscheinlichkeiten verglichen (Tab. 24).

Die Tabelle läßt trotz des relativ schlechten Anpassungstests gute Übereinstimmung zwischen beobachteten Häufigkeiten und modellierten Wahrscheinlichkeiten erkennen. Für die Klassifizierung der Stufe *Geringe Gefährdung* wurde die Grenze bei 0.02 gewählt, bis 0.05 wurde die Stufe *Mittlere Gefährdung* eingestuft und Werte über 0.05 wurden mit der Kategorie *Hohe Gefährdung* bezeichnet. Die weitaus größte Fläche (83.75 %) ist nur gering gefährdet, 16 % weist eine mittlere Gefährdung auf und nur 0.25 % befindet sich in der höchsten Gefährdungsstufe. Die Grenzen der Einteilung sind natürlich willkürlich gewählt und somit auch die Flächenanteile. Es erschien jedoch in Anbetracht der relativ schlechten Modellanpassung und der vermuteten geringen zeitlichen Frequenz von Massenbewegungen sinnvoll, eine hohe Grenze für die höchste Stufe zu wählen, um nicht den Eindruck zu erwecken, daß es sich bei Tully Valley und Umgebung um ein Extremgebiet im Hinblick auf Massenbewegungen handelt. Hier ist es die Aufgabe des Wissenschaftlers, eine Sensibilisierung der zuständigen Behörden zu erreichen und gleichzeitig nicht durch übertriebene Darstellungen Verunsicherungen hervorzurufen.

Tab. 24: Einstufung der berechneten Wahrscheinlichkeiten in Gefahrenstufen (Abkürzungen siehe Tabelle 22).

Sample	SOILS	OCL	HGL	FLM	SLOPE	predicted	observed	Gefahren-Stufe
1	0	0	0	0	> 25 °	0.00141	0.00000	gering
21	1	0	0	0	> 25 °	0.00337	0.00000	gering
6	0	1	0	0	> 25 °	0.00346	0.00000	gering
2	0	0	0	0	0-5 °	0.00365	0.00461	gering
16	0	1	1	1	> 25 °	0.00527	0.19575	gering
3	0	0	0	0	16-25 °	0.00544	0.00734	gering
11	0	1	1	0	> 25 °	0.00611	0.00000	gering
25	1	1	0	0	> 25 °	0.00823	0.00000	gering
22	1	0	0	0	0-5 °	0.00867	0.00000	gering
4	0	0	0	0	6-10 °	0.00861	0.00714	gering
7	0	1	0	0	0-5 °	0.00891	0.00950	gering
5	0	0	0	0	11-15 °	0.00934	0.00725	gering
23	1	0	0	0	16-25 °	0.01290	0.00000	gering
8	0	1	0	0	16-25 °	0.01325	0.00454	gering
17	0	1	1	1	0-5 °	0.01351	0.00799	gering
12	0	1	1	0	0-5 °	0.01564	0.01532	gering
18	0	1	1	1	16-25 °	0.02004	0.02418	mittel
24	1	0	0	0	6-10 °	0.02031	0.00000	mittel
9	0	1	0	0	6-10 °	0.02086	0.02384	mittel
26	1	1	0	0	0-5 °	0.02100	0.00000	mittel
10	0	1	0	0	11-15 °	0.02260	0.02846	mittel
13	0	1	1	0	16-25 °	0.02319	0.02480	mittel
27	1	1	0	0	16-25 °	0.03105	0.00000	mittel
19	0	1	1	1	6-10 °	0.03144	0.02973	mittel
34	1	1	1	1	0-5 °	0.03165	0.05700	mittel
20	0	1	1	1	11-15 °	0.03403	0.03854	mittel
14	0	1	1	0	6-10 °	0.03630	0.04503	mittel
30	1	1	1	0	0-5 °	0.03655	0.00017	mittel
15	0	1	1	0	11-15 °	0.03928	0.03699	mittel
35	1	1	1	1	16-25 °	0.04655	0.16107	mittel
28	1	1	0	0	6-10 °	0.04839	0.00000	mittel
29	1	1	0	0	11-15 °	0.05231	0.00000	hoch
31	1	1	1	0	16-25 °	0.05363	0.46667	hoch
36	1	1	1	1	6-10 °	0.07190	0.10106	hoch
37	1	1	1	1	11-15 °	0.07757	0.00000	hoch
32	1	1	1	0	6-10 °	0.08250	0.00752	hoch
33	1	1	1	0	11-15 °	0.08892	0.00000	hoch

Bei den Kategorien SOILS, OCL, HGL, und FLM bedeutet 1, daß die Datenschicht vorhanden ist.

4.7   Zusammenfassung

Die vorgestellten Untersuchungen sind von dem Gedanken geleitet, die in der Fallstudie Rheinhessen angewandte Methode der kategorialen Datenanalyse in einem zweiten Testgebiet auf ihre Brauchbarkeit zu überprüfen. Bei der Methode gilt es, die aus Hypothesen über den jeweiligen Prozeßtyp abgeleiteten Parameter auf ihr Erklärungspotential zu testen. Das heißt, es ist vor der Anwendung der entsprechenden Computerprogramme nötig, sich über den Prozeß und seine Ursachen Gedanken zu machen und entsprechenden Arbeitshypothesen zu formulieren. Dies ist nur nach einer geologischen und geomorphologischen Begutachtung der Geländebefunde und Durchsicht der lokalspezifischen Literatur möglich. Die Hypothesen, welche der vorliegenden Fallstudie zugrunde liegen, basieren auf der Annahme, daß zwischen der pleistozänen Sequenz proglazialer Seen und der Verteilung rezenter und älterer Rutschungen ein enger Zusammenhang besteht. Dieser ist zum einen gegeben durch den Einfluß schneller und großer Wasserspiegelsenkungen bzw. -hebungen auf den hydrogeologischen Prozeß. Zum anderen wurden als Folge der pleistozänen Prozeßdynamik Seetone abgelagert, welche maßgeblich die aktuelle Prozeßdynamik beeinflussen und sich regional differenziert auf die Rutschungsanfälligkeit auswirken. Auf Basis dieser Hypothesen und einer vorausgegangenen, nach Typen und relativem Alter differenzierenden Bestandsaufnahme, wurde ein regionales Modell entwickelt, welches die räumliche Auftrittswahrscheinlichkeit von Massenbewegungen zeigt. Die Differenzierung nach Massenbewegungstypen, wie sie in der Bestandsaufnahme erfolgte, konnte jedoch nicht in das Modell integriert werden. Der Grund dafür ist die relativ geringe Anzahl kartierter Massenbewegungen. Eine weitere Aufteilung in Untergruppen hätte zu sehr kleinen Grundgesamtheiten geführt und eine statistische Absicherung der Ergebnisse verhindert. Auch die Einbeziehung der in der Inventarisierung vorgenommenen zeitlichen Einordnung der Massenbewegungen in das Gefahrenmodell war aus diesem Grund nicht möglich. Insofern ist das vorgestellte Modell in seiner Aussagekraft eingeschränkt, da es lediglich Aussagen über die räumliche, jedoch nicht die zeitliche Auftrittswahrscheinlichkeit zuläßt. Jedoch stellt auch die Inventarisierung schon eine wichtige Information für die Planung dar und wurde aus diesem Grund auch als Karte in JÄGER & WIECZOREK (1994) dargestellt. Eine zeitliche Differenzierung wie sie in der Fallstudie Rheinhessen für die letzten rd. 100 Jahre durchführbar war, konnte in der zur Verfügung stehenden Zeit nicht realisiert werden. Hierzu wären Archivarbeiten in nicht unerheblichem Maße notwendig geworden. Der Autor geht davon aus, daß diese in dem relativ dünn besiedelten, überwiegend landwirtschaftlich genutzten Gebiet ohnehin wenig Datenmaterial liefern würden. Es muß davon ausgegangen werden, daß ein Ereignis von der Größenordnung des *Tully Valley Mudslides*, wie es von der Lokalbevölkerung genannt wird, in den letzten 150-200 Jahren nicht stattgefunden hat.

Die Methode als solche hat sich jedoch als brauchbar erwiesen, Grundlagendaten für regionale Planungszwecke bereitzustellen. Die vorgestellte Gefahrenkarte hat Eingang in die Planungsarbeit der Gemeinden Tully und LaFayette sowie des Onondaga County gefunden (WIECZOREK et al. 1995). Die Methode kann als sehr gute Möglichkeit zu einer raschen Bestandsaufnahme der vorhandenen Gefahrenstufen bezeichnet werden. Den zuständigen Behörden konnte eine Grundlage an die Hand gegeben werden, die es ihnen ermöglicht, gezielte Maßnahmen im lokalen Maßstab auf Basis einer regionalen Abschätzung der Hangstabilität vorzunehmen. Als Folge des Rutschungsereignisses am 27. April 1993 sind auch weitere geotechnische Forschungsprogramme angelaufen, die detailliertere Untersuchungen der Materialeigenschaften zu Inhalt haben (WIECZOREK, mdl. Mitt. 1995). Auch eine geomorphologisch-quartärgeologische Karte befindet sich zur Zeit in Arbeit. Es kann davon ausgegangen werden, daß dadurch mehr Erkenntnisse zusammengetragen werden können, als dies für diese Fallstudie möglich war.

5. MODELLIERUNG DER HOLOZÄNEN SCHUTTPRODUKTION IM YOSEMITE-NATIONALPARK, SIERRA NEVADA, KALIFORNIEN

5.1 Einleitung und Zielsetzung

Mit den Ausführungen dieses Kapitels werden Ergebnisse zusammengefaßt, die während eines Stipendienaufenthaltes des Autors beim US Geological Survey erarbeitet wurden. Der Rahmen dieser Untersuchungen ist durch die schon seit langen Jahren bestehende Zusammenarbeit des USGS mit der Nationalparkverwaltung gegeben (WIECZOREK et al. 1989). Der Yosemite-Nationalpark zählt aufgrund seiner unvergleichlichen, von zahllosen Wasserfällen geprägten Szenerie und der Nähe zum bevölkerungsreichen Ballungszentrum der San Francisco Bay Area zu den meistbesuchten Parks der USA. Zu den Spitzenzeiten während der Sommermonate halten sich zeitweise mehrere zehntausend Menschen im engen Haupttal auf. Immer wieder auftretende Felsstürze und Murgänge gefährden in hohem Maße die Besucher des Parks.

Das Ziel der hier vorgestellten Untersuchung besteht zum einen darin, die Rate der durch Felsstürze und Muren verursachten holozänen Schuttproduktion im Yosemitetal zu bestimmen. Dadurch wird ein Vergleich mit der aus Archivdaten von WIECZOREK et al. (1992) ermittelten historischen Rate möglich. Zum anderen wird angestrebt, durch die Abschätzung der räumlichen Variabilität der Schuttmächtigkeiten zu einer ersten räumlich differenzierten Aussage über das Gefahrenpotential zu kommen. In einem dritten Schritt werden Vorarbeiten zur Integration eines physikalisch basierten Modells in die Zonierung der aktuellen Gefährdung präsentiert.

5.2 Lage und physisch-geographische Beschreibung des Untersuchungsgebietes

Die durch Massenbewegungen gegebene Gefährdung ist sehr eng mit den petrographischen Bedingungen und der quartären Reliefgestaltung des Yosemitetales verbunden, weshalb zunächst einige kurze Ausführungen zur geologischen und geomorphologischen Situation gemacht werden.

5.2.1 Tektonische und geologische Entwicklung

Der Yosemite-Nationalpark liegt in der zentralen Sierra Nevada. In dieser Region hat nach einer langen, bis ins späte Tertiär andauernden tektonischen Ruhephase, vor etwa 25-15 Mio. Jahren eine erneute Hebung eingesetzt, die bis heute anhält. Der Hebungsbetrag wird auf ca. 3.300 m geschätzt (HUBER 1987). Die gegen-

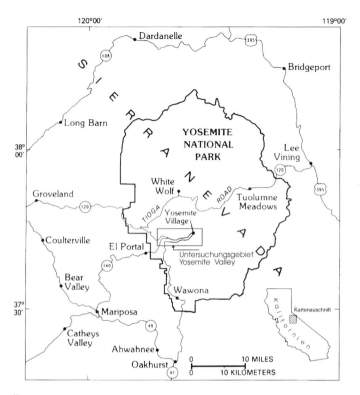

Abb. 40: Übersichtskarte zur Lage des Untersuchungsgebietes (nach HUBER 1987).

wärtige Hebungsrate beträgt nach HUBER (1987) ca. 3,5 cm in 100 Jahren. Da die Hebung entlang einer Störungszone an der Ostflanke der Sierra Nevada stattfindet, ist das großräumig betrachtete Relief gegenwärtig durch eine starke Asymmetrie gekennzeichnet, mit einem relativ flachen Anstieg östlich des großen kalifornischen Längstales und einem westlichen Steilabfall zum Owens Valley. Die höchsten Erhebungen befinden sich im Ostteil der Sierra Nevada, mit Höhen deutlich über 4.000 m. In diesem Teil liegt auch der Nationalpark (Übersicht s. Abb. 41). Die vorherrschenden Gesteine in dem für die Untersuchung wichtigen Haupttal sind verschiedene Varietäten des Granits, die vor allem durch ihre unterschiedliche Textur und durch ihre unterschiedliche Klüftung sowohl die Reliefgestaltung als auch die räumliche Variabilität der Gefährdung durch Felsstürze beeinflussen. Von den plutonitischen Gesteinen wird angenommen, daß sie durchweg kreidezeitliches Alter besitzen (HUBER 1987). Vulkanite, die in anderen Teilen der Sierra häufiger zu finden sind, gibt es im Bereich des Haupttales nicht.

5.2.2 Quartäre Reliefentwicklung

Von entscheidender Bedeutung für die gegenwärtige geomorphologische Situation des Haupttals (Abb. 41) ist die Entwicklung während des Quartärs und hier

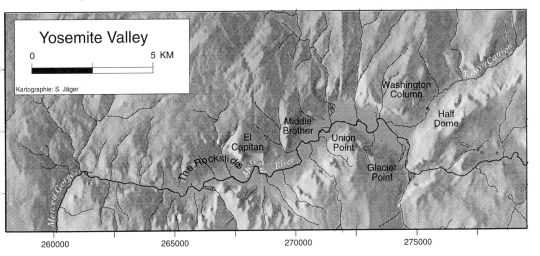

Abb. 41: Untersuchungsgebiet Yosemite Valley, Datengrundlage: USGS Digital Elevation Model.

besonders der letzten beiden Vereisungsperioden, der Tioga- und der Tahoe-Vereisung. Von früheren Vereisungen sind in Yosemite so gut wie keine Ablagerungen erhalten geblieben, obwohl von weiteren Eisvorstößen auszugehen ist (HUBER 1987). Die Tioga-Phase erreichte ihr Maximum vor 17.000 bis 28.000 Jahren (BURSIK & GILLESPIE 1993). Eine schwach ausgebildete Endmoräne in der Nähe der Bridalveil Meadows belegt die maximale westliche Ausdehnung der Eismassen.

In Abb. 41 sind die Maximalausdehnungen der letzten beiden Vergletscherungen dargestellt. Die Grenze der maximalen Mächtigkeit des Tioga-Eises hat MATTHES (1930) kartiert. Untersuchungen von CLARK (1976) lassen vermuten, daß das Rückschmelzen des Eises relativ schnell erfolgte, und daß Yosemite Valley vor ca. 15.000 Jahren eisfrei war. DORN et al. (1987) geben hierfür Zeitmarken zwischen 19.000 BP und 13.200 BP an. Der geomorphologische Aufbau des Haupttals läßt sich relativ leicht beschreiben. Die Vergletscherungen haben das Haupttal in klassischer Weise sehr tief erodiert, wobei nur das Eis der prätahoezeitlichen Vereisungen das Tal vollständig ausfüllte. Am Fuße der bis über 1.000 m hohen, nahezu senkrechten Wände befinden sich mächtige Schutthalden, von denen angenommen werden kann, daß sie erst nach dem Rückschmelzen des tiogazeitlichen Gletschers akkumuliert wurden. Während des Rückschmelzens des Eises wurde das

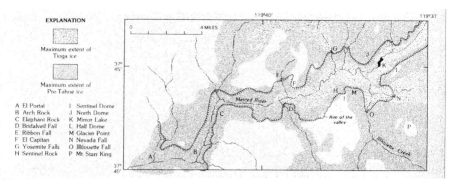

Abb. 42: Ausdehnung der Tahoe- und Tioga-Vereisungsphasen für den Bereich des Yosemitetals (nach HUBER 1987, S. 52).

Tal von einem hinter einer Rückzugsmoräne bei den Cathedral Rocks aufgestauten See, Lake Yosemite, gefüllt, dessen Sedimente einen flachen Talboden auf einem Niveau von etwa 1.220 m hinterlassen haben. Die von GUTENBERG et al. (1956) 1935 und 1937 durchgeführten reflexions- und refraktionsseismischen Untersuchungen ermöglichten erstmals eine sichere Abschätzung der Mächtigkeiten der Talfüllung, über die vorher sehr viel spekuliert worden war und deren Kenntnis sehr wichtig für die Auseinandersetzung um die glaziale Entstehung des Tales war. Danach erreicht die Talfüllung Mächtigkeiten bis zu 600 m. Weiterhin konnten GUTENBERG et al. (1956) mindestens drei deutlich unterscheidbare Schichten nachweisen. Die Querprofile der Festgesteinsgrenze zeigen eine klassische Trogtalform und können als weiteres Indiz für eine sehr effektive glaziale Erosion angesehen werden. Durch die enorme Tiefe wird der Schluß nahegelegt, daß die Tiefenerosion während der effektiveren und länger andauernden älteren Vereisungen stattfand, die zumindest prätiogazeitlich oder älter einzuordnen sind. Die holozäne und rezente Geomorphodynamik des Tals ist im wesentlichen durch fluviale und gravitative Prozesse geprägt. Nur in den höchsten Lagen über 3.000 m finden sich kleinere Gletscher, die jedoch auf die geomorphologischen Vorgänge im Tal keinen Einfluß haben. Das Tal wird vom Merced River entwässert, der ein nival geprägtes Regime aufweist.

5.2.3   Holozäne und historische Massenbewegungen - Auslösefaktoren und Häufigkeiten

Wie bereits erwähnt, zählen die gravitativen Prozesse zu den wichtigsten rezenten geomorphologischen Prozessen in Yosemite Valley. Besonders Bergstürze, Felsstürze (engl. *rock falls*) und Felsgleitungen (engl. *rock slides*) sowie Murgänge (engl. *debris flows*) haben mächtige Schutthalden und Schuttkegel an den Talflanken aufgeschüttet (Abb. 40). Einen ausführlichen Katalog historischer Massenbewegungen haben WIECZOREK et al. (1992) vorgelegt, der auf der Auswertung zahlreicher Archive beruht und in dem rd. 400 historische Ereignisse inventarisiert sind. Als historisch wird in diesem Zusammenhang der Zeitraum ab ca. 1850 bezeichnet. Seit diesem Zeitpunkt kann von einer permanenten Besiedlung des Tals ausgegangen werden.

Abb. 43: Schutthalde unter der Wand von *Middle Brother*. Der frisch erscheinende Schutt wurde bei einem Felssturz am 3.10.1987 abgelagert und hat zeitweise die Straße blockiert (WIECZOREK 1994, mdl. Mitt.). Die Abrißstelle ist mit einem Pfeil markiert.

Auch prähistorische Berg- und Felssturzablagerungen belegen eindrucksvoll die Gefährdung. So hat z.B. ein mächtiges Ereignis unterhalb der Washington Column Tenaya Creek aufgestaut und zur Bildung von Mirror Lake geführt (Abb. 40). Von WIECZOREK et al. (1992) wird das Volumen auf rd. 11 Mio. m^3 geschätzt und aufgrund der Abschätzung von Baumaltern ein Mindestalter von 290 Jahren angegeben. Lichenometrische und dendrochronologische Datierungen sollten Altersangaben für weitere Felsstürze liefern können (s. BULL et al. 1994).

Abb. 44: Prähistorischer Bergsturz unterhalb Washington Column, Volumen ca. 11 Mio. m^3, Alter ca. 290 Jahre (nach WIECZOREK et al. 1992). Der dahinter liegende See wurde durch das Ereignis aufgestaut.

Für viele der historischen Massenbewegungen konnte kein Auslösefaktor identifiziert werden. Für die verbleibenden Ereignissen haben WIECZOREK & JÄGER (1996) gezeigt daß Erdbeben volumenmäßig die Ereignisse größeren Ausmaßes verursachen. Betrachtet man lediglich die Anzahl der Ereignisse, so haben die von Niederschlägen ausgelösten Prozesse den größten Anteil. Die in Yosemite im Zusammenhang mit Erdbeben durchgeführten Beobachtungen von Felsstürzen stehen in gutem Einklang mit der von KEEFER (1984) aus weltweit verfügbaren Daten empirisch ermittelten Beziehung zwischen der Magnitude eines Erdbebens und der weitesten Entfernung vom Epizentrum, in der Berg- und Felsstürze zu erwarten sind (Abb. 41). Entlang der Sierra Nevada haben BULL et al. (1994) mit Flechtendatierungen die regionale Verbreitung von durch Erdbeben ausgelösten Felsstürzen kartiert. Diese heben sich in der Häufigkeitsverteilung der gemessenen Flechtendurchmesser als deutliche Peaks ab, welche regional ein einheitliches Datum aufweisen. Sie schätzen, daß für einen Zeitraum der letzten 500 Jahre sehr genaue Datierungen möglich sind (s. hierzu auch Kapitel 1.4).

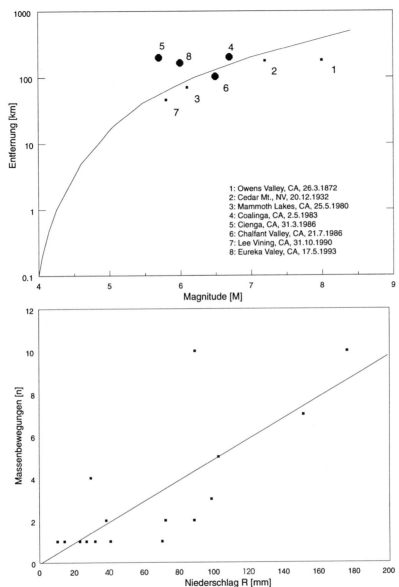

Abb. 45: Auslösefaktoren für historische Massenbewegungen in Yosemite Valley:
oben: Die durchgezogene Linie beschreibt die Obergrenze der Entfernung, in der nach KEEFER (1984) Berg- und Felsstürze bei der gegebenen Magnitude eines Erdbebens zu erwarten sind, wobei die großen Punkte die Entfernung zum entferntesten Felssturz anzeigen, der in Yosemite Valley registriert wurde, und die kleinen Punkte die Entfernung zur Mitte von Yosemite Valley, falls das Erdbeben keine Massenbewegungen auslöste.
unten: Beziehung zwischen dem Tagesniederschlag und der Anzahl der beobachteten Massenbewegungen (Datenquelle: WIECZOREK ETA AL. 1992, Abbildung leicht verändert nach WIECZOREK & JÄGER 1995).

Für die von Niederschlägen ausgelösten Massenbewegungen konnte eine relativ gute Beziehung zwischen dem Tagesniederschlag und der Anzahl der ausgelösten Massenbewegungen gefunden werden (WIECZOREK & JÄGER 1995). Diese ist jedoch mit einigen Unsicherheiten belastet, da nur wenige Ereignisse zeitlich exakt bestimmbar waren, d.h. mindestens auf den Tag genau. In den klüftigen Graniten können sich kritische Kluftwasserdrücke sehr schnell auf- und abbauen, so daß zur Identifizierung genauerer hydrometeorologischer Zusammenhänge nur Meßdaten verhelfen können.

Mittels einer exponentiellen Funktion beschreiben WIECZOREK et al. (1995) die Beziehung zwischen der Anzahl und dem Volumen von Felsstürzen und Felsgleitungen. Das Bemerkenswerte an dieser Beziehung ist, daß sie der Gutenberg-Richter-Gleichung ähnlich ist, welche den Zusammenhang zwischen Erdbebenhäufigkeit und -magnitude beschreibt. Sie zählt zu den selbstähnlichen Verteilungen, die VON MANDELBRODT (1987) beschrieben werden. Mit Hilfe dieser aus Daten zwischen 1900 und 1992 abgeleiteten Gleichung nehmen WIECZOREK et al. (1995) Abschätzungen der Wiederkehrintervalle von Felsstürzen und Felsgleitungen verschiedener Größe vor.

5.3 Modellierung der holozänen und historische Schuttvolumina

Der methodische Ansatz zur Abschätzung der holozänen Schuttproduktionsrate besteht darin, zunächst das Volumen der seit dem Rückzug des Tioga-Eises an den Talflanken abgelagerten Schutts zu bestimmen. Dabei wurde von der Hypothese ausgegangen, daß dafür ein Zeitraum von 15.000 Jahren zur Verfügung stand und die Rate sich daher aus dem Quotienten des Volumens und der Zeit ergibt. Weiterhin wurde angenommen, daß der See, der sowohl während als auch nach dem Rückschmelzen des Talgletschers Yosemite Valley bedeckte, sehr schnell mit glazifluvialen Sedimenten verfüllt wurde, und daß der größte Teil des zu bestimmenden Schutts über dem ehemaligen Seeniveau liegt. Ein fluvialer Abtransport großer Schuttmengen durch fluviale Prozesse kann aufgrund des sehr flachen, fast ebenen Talbodens sowie der Größe der zu transportierenden Blöcke weitestgehend ausgeschlossen werden. Auch besteht zwischen den Schutthalden und dem Vorfluter keine direkte Verbindung. Es muß daher davon ausgegangen werden, daß der holozäne Schutt zum größten Teil an den Talhängen des Haupttales verblieben ist.

5.3.1 Datengrundlage

Die Datengrundlage zur Berechnung der Volumina stellen überwiegend Digitale Höhenmodelle (DHM) dar. Ihre Erstellung wird in den nächsten Abschnitten erläutert. Vorangestellt werden einige theoretische Überlegungen. Der Hangschutt an den Talflanken bildet einen dreidimensionalen Körper, dessen Oberfläche in der

Regel durch drei geologische Grenzen definiert ist: die Oberfläche des Hangschutts selbst, die glazifluviale Talfüllung sowie die Oberfläche des anstehenden Gesteins. Diese Oberflächen können durch DHMs in einem GIS miteinander verschnitten werden, wobei sich das Volumen aus der Höhe an jedem Gitterpunkt und der Rasterweite ergibt. Es sind verschiedene Konstellationeen der Grenzflächen möglich (zur Verdeutlichung s. Abb. 46).

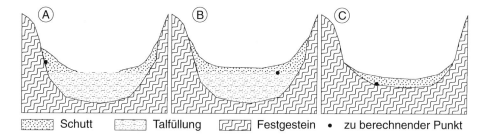

Abb. 46: Mögliche Konstellationen der Grenzflächen, die das Volumen des Hangschutts definieren:
  a) Schutt bedeckt Talflanke und einen Teil des Talbodens
  b) Schuut bedeckt Talflanke und Talboden komplett
  c) Schutt liegt komplett auf der Festgesteinsbasis

Die Abbildung verdeutlicht, daß in den Fällen a) und b) für die Modellierung des Volumens der Schnittpunkt des Talbodenniveaus mit dem Festgestein bekannt sein muß. Dazu war es zunächst erforderlich, aus vorhandenen Karteninformationen bzw. den refraktionsseismischen Interpretationen von GUTENBERG et al. (1956) Höhenmodelle des Festgesteinniveaus und des Talbodenniveaus zu erstellen. Das rezente Relief konnte als digitales Höhenmodell mit einer Auflösung von 30 m in das GIS übernommen, welches beim USGS bereits vorhanden war und für die Untersuchung zur Verfügung gestellt wurde.

5.3.1.1   Das Höhenmodell der Festgesteinsgrenze

Die wichtigste Grundlage für die Erstellung eines Höhenmodells für die Festgesteinsgrenze stellt die Interpretation der seismischen Profile in GUTENBERG ET AL (1956) dar. Aus diesen haben die Autoren durch visuelle Interpretation Höhenlinien abgeleitet (Abb. 47).

Diese Isolinien wurden digitalisiert und als Grundlage für die Interpolation eines DHMs benutzt. Für die Abgrenzung des schuttbedeckten vom schuttfreien Hang wurde die in MATTHES (1930, plate 29) enthaltene quartärgeologische Karte ver-

Abb. 47: Höhenlinien der Festgesteinsgrenze, interpoliert aus refraktionsseismischen Messungen (Quelle: GUTENBERG et al. 1956).

wendet. Zur Interpolation wurden dann nur die oberhalb der Schuttbedeckung liegenden Punkte des Höhengitters der rezenten Oberfläche sowie die digitalisierten Höhenlinien der Festgesteinsoberfläche herangezogen. Daran anschließend wurden verschiedene Interpolationsverfahren getestet und visuell verglichen. Die in GRASS vorhandenen Interpolationsmodule *r.surf.idw* und *r.surf.contour* haben nur unbefriedigende Resultate geliefert, d.h. die interpolierten Höhenmodelle erschienen im automatisch geschummerten Relief als stark getreppte Oberflächen. Ein weitaus besseres Ergebnis wurde mit den in EarthVision[1] vorhandenen Interpolationsroutinen erzielt, die auf dem sogenannten *minimum tension*-Prinzip basiert. Dabei wird unter Einbeziehung der Krümmung eine optimal an die Originaldaten angepaßte Oberfläche berechnet. Für die Konvertierung zwischen den Systemen wurden vom Autor Programme entwickelt (s. Anhang F, G). Das Ergebnis der Interpolation zeigt Abb. 48.

Auf die Problematik der Interpolation von Höhengittern kann hier nicht näher eingegangen werden, daher soll ein Hinweis auf die Literatur genügen (BURROUGH 1986).

Das Relief zeigt auch in dieser Darstellung die klassische Form eines glazialen Trogtals. Die tiefsten Stellen befinden sich an der Konfluenz von Tenaya Canyon und Merced River (s. Abb. 41). Auch heute noch wird verschiedentlich die Effektivität der glazialen Erosion in Yosemite in Frage gestellt. So schreibt z.B. SCHAFFER (1994) der Petrovarianz eine wesentlich größere Bedeutung für die Gestaltung

---

[1] EarthVision ist ein Softwareprodukt der Firma Dynamic Graphics Inc. zur Bearbeitung und Visualisierung dreidimensionaler geologischer Körper

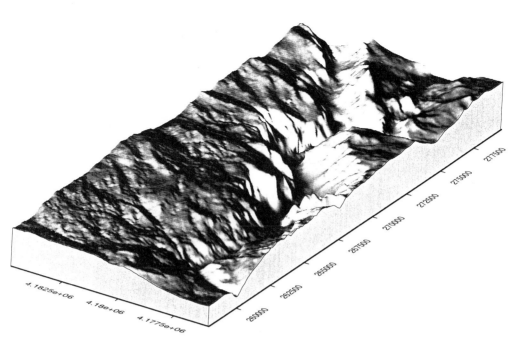

Abb. 48: Automatisch geschummerte Reliefdarstellung der Festgesteinsgrenze (die Interpolation erfolgte mittels EarthVision).

des Tales zu. Daß jedoch die tiefste Stelle gerade an einer Konfluenz liegt und die an den Talflanken anstehenden Granodiorite zu den am wenigsten geklüfteten Gesteinen in Yosemite Valley gehören, unterstützt die weitestgehend akzeptierte Theorie der glazialen Überprägung, ein Schluß, zu dem auch GUTENBERG et al. (1956) kommen. Die Visualisierung liefert hierzu einen sehr guten Beleg.

5.3.1.2 Das Höhenmodell des Talbodenniveaus

Die Berechnung des Höhenmodells für das Talbodenniveau erfolgte prinzipiell auf die gleiche Weise wie die der Festgesteinsoberfläche. Mit Hilfe der digitalisierten Karte von MATTHES (1930) wurden die außerhalb des Talniveaus liegenden Höhendaten aus dem Höhenmodell der aktuellen Oberfläche ausmaskiert. Die verbleibenden Gitterpunkte wurden dann für die Interpolation verwendet. Die Interpolation ergab eine sehr schwach in westlicher Richtung geneigte Ebene, auf deren Darstellung hier verzichtet werden kann.

5.3.2 Ergebnisse

5.3.2.1 Schuttmächtigkeiten und -volumina

Die Berechnung der Schuttmächtigkeiten und -volumina erfolgte mit Hilfe der GRASS-module *r.mapcalc* und *r.volume*. Dabei dient r.mapcalc zur Verknüpfung der Rasterdatenschichten nach algebraischen und logischen Regeln und *r.volume* zur Berechnung der Volumina. Es war zunächst erforderlich, eine Regel zu definieren, die als Ergebnis für jeden Punkt die Mächtigkeiten des Hangschutts bzw. der Murfächer liefert. Sie mußte die Fälle a), b) und c) berücksichtigen (s. Abb. 47). Die einzelnen Einheiten (schuttbedeckter Hang oberhalb der Tioga-Vereisung, schuttbedeckter Hang unterhalb der Tioga-Vereisung, Murfächer und Talbodensedimente) lagen als Rasterkarte mit einer Auflösung von 30 m vor. Folgende Regel in der r.mapcalc-Notation lieferte die gewünschte Ergebniskarte (talus.dem):

		Erläuterung
talus.dem = if((talus==20||talus==40),	talus.dem talus	Ergebniskarte Quartärgeologische Karte (Berechnung nur für Schutthänge (Einheit 20) oder Murfächer (Einheit 40)
if(bedrock.dem>=valley.level.dem, yosdem-bedrock.dem,	bedrock.dem	Höhenmodell der Festgesteinsoberfläche
	valley.level.dem	Höhenmodell des Talbodenniveaus, Fall A und C in Abb. 47
if((bedrock.dem<valley.level.dem, yosdem-valley.level.dem)))	yosdem	Höhenmodell der rezenten Oberfläche, Fall B in Abb. 47

Die Ergebniskarte erhält somit an jedem Gitterpunkt als Werte nur die Höhendifferenz zwischen den jeweils den Schuttkörper begrenzenden Oberflächen. Die daraus resultierenden Mächtigkeiten sind in Abb. 49 dargestellt ist. Die Karte zeigt ein durchaus differenziertes Bild mit Mächtigkeiten von mehr als 100 m. Besonders mächtige Schuttkörper befinden sich vor dem bereits erwähnten *Mirror Lake* und bei den *Rockslides*.

Mehrere quer zum Tal verlaufende Schnitte verdeutlichen auch im Aufriß die Schichtmächtigkeiten (Abb. 50). Sehr schön wird die klassische Trogtalform des Untergrundes erkennbar. Die größten Mächtigkeiten haben sich da gebildet, wo die am stärksten geklüfteten Granite anstehen. Das zeigt, daß auch die Petrovarianz bei der Verteilung eine Rolle spielt.

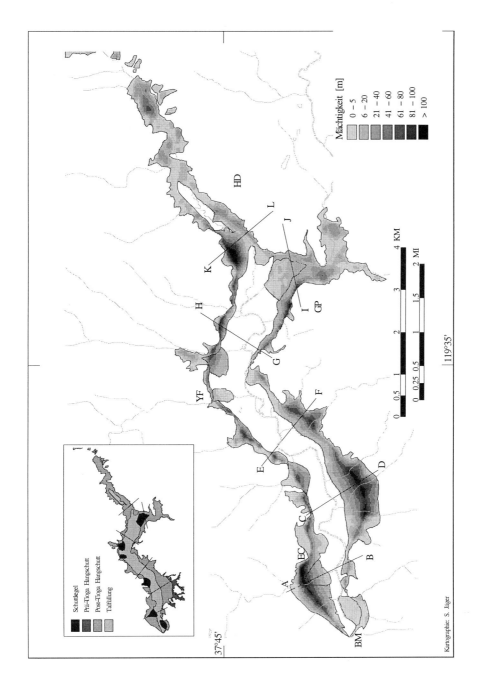

Abb. 49: Karte der modellierten Mächtigkeiten von Schutthängen und Murkegeln.
Die kleine Abbildung zeigt die zugrunde liegende Karte der quartärgeologischen Einheiten, die Schnitte verweisen auf Abb. 50.

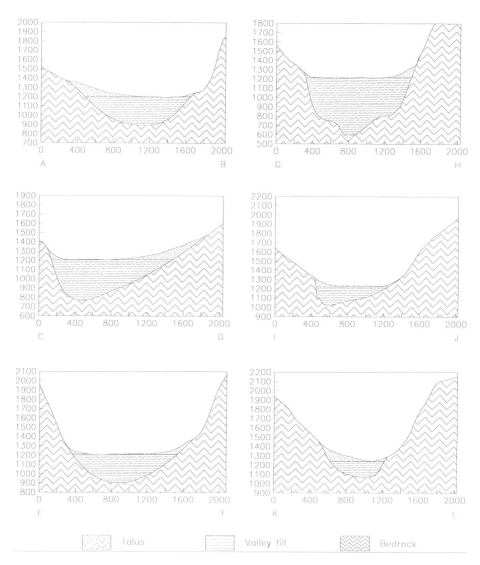

Abb. 50: Schnitte zur Darstellung der Schutt- und Talfüllungsmächtigkeiten an ausgewählten Stellen von Yosemite-Valley.
Die Schnitte entsprechen den in Abb50 dargestellten und sind nicht überhöht.

Die Berechnung der Volumina erfolgte getrennt nach Schutthängen und Murfächern. Dazu muß dem Programm *r.volume* die Basiskarte (quartärgeologische Einheiten) sowie die Schuttmächtigkeitskarte übergeben werden. Folgende Rechenvorschrift in GRASS-Notation liefert dann die Volumina für jede Einheit der Basiskarte:

Folgende Werte wurden für die seit dem Rückschmelzen des Eises akkumulierten Schuttmassen berechnet (Tab. 25).

r.volume data=talus.dem clump=talus

Das Gesamtvolumen beträgt 0,283 km^3 und setzt sich aus 0,257 km^3 für die aus Berg- und Felssturzmassen sowie Steinschlag aufgeschütteten Schutthänge und 0,026 km^3 für die Murkegel zusammen. Die Werte für die Schutthalden liegen also um etwa eine Größenordnung höher.

Tab. 25: Berechnete Mächtigkeiten und Volumina des Hangschutts und der Schuttkegel.

Einheit	Mittlere Mächtigkeit [m]	Wertebereich [m]	Volumen [km^3]
Schutthänge	23	0-144	0.257
Schuttkegel	15	0-118	0.026

5.3.2.2 Fehlerabschätzung

Zur Abschätzung eines Fehlers der berechneten Mächtigkeiten und der daraus resultierenden Volumina wurden die folgenden möglichen Fehlerquellen in Betracht gezogen. Der Digitalisierungsfehler bei der Aufnahme der Karte von MATTHES (1930) wurde mit 1 mm angenommen, was bei einem Maßstab von 1:24.000 24 m entspricht, also in etwa einer Gitterweite des Höhenmodells. Für die Werte der aus den seismischen Messungen gewonnenen Profile geben GUTENBERG et al. (1956) einen Fehlerbereich von ±20 % an. Zunächst wurden nun zwei neue Höhenmodelle interpoliert, jeweils mit den Ausgangsdaten um 20 % nach oben bzw. unten verschoben. Es wurden nun mit den veränderten Höhenmodellen und einer nach außen bzw. innen verschobenen äußeren Grenzlinie des Hangschutts erneute Voluminaberechnungen durchgeführt, um so die größtmöglichen Abweichungen zu bestimmen (s. Tab. 25 und Abb. 51).

Der kleinste Wert für das Gesamtvolumen beträgt demnach 0,253 km^3 und der größte liegt bei 0,313 km^3. Insgesamt ergibt sich also eine Fehlerspanne von rd. 10 %, was als sehr niedrig angesehen werden kann.

Tab. 26: Ergebnisse der Fehlerabschätzung

Berechnungsart	Volumen Schutthänge [km³]	Volumen Schuttfächer [km³]	Gesamtvolumen [km³]
LO	0.286	0.027	0.313
UI	0.228	0.025	0.253

[1] LO: Nach unten verlagertes Höhenmodell und nach außen verschobene Grenzlinien
UI: Nach oben verlagertes Höhenmodell und nach innen verschobene Grenzlinien

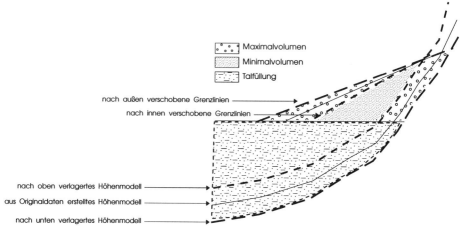

Abb. 51: Darstellung zur Berechnung des möglichen Fehlers bei der Ableitung der Schuttvolumina

5.3.2.3 Vergleich holozäner und historischer Schuttproduktionsraten

Unter Annahme eines Zeitraums von 15.000 Jahren, der seit dem Ende der Tioga-Vereisung für die Schuttansammlung zur Verfügung stand, ergibt sich für die durchschnittliche jährliche holozäne Schuttproduktionsrate ein Wert von

$$\frac{0{,}283 \cdot 10^9}{15.000} = 18{,}9 \cdot 10^3 \, m^3 / a \, (\pm 19\%).$$ (Gl. 14)

Unter Berücksichtigung der zeitlichen Unsicherheiten (s. Kapitel 5.2.2) ergeben sich ein Maximal- und ein Minimalwert für die Schuttproduktionsrate. So berechnet sich der kleinstmögliche Wert zu 0,253 km³/19.000 a = 13,3×10³ m³/a und der größtmögliche zu 0,313 km³/13.200 a = 23,7×10³ m³/a. Somit ergibt sich ein Gesamtfehler von ca. 27 %. Die Schuttproduktionsrate läßt sich wiederum aufteilen in den Anteil für die Schutthalden und die Murkegel. So ergeben sich unter Berücksichtigung der Schuttvolumina aus Tab. 22 für die Schutthalden $17,1 \times 10^3$ m³/a und für die Murkegel $1,8 \times 10^3$ m³/a.

Für die historische Schuttproduktion (1851-1992) geben WIECZOREK & JÄGER (1995) für denselben Talbereich einen Wert von $8,7 \times 10^3$ m³ pro Jahr an. Dieser Wert wurde von WIECZOREK et al. (1992) unter Zuhilfenahme von Archivdaten für einen Zeitraum von 1850 bis 1990 abgeschätzt. Die holozäne Rate ist somit unter Berücksichtigung der Fehlergrenzen etwa doppelt so hoch wie die historische.

5.3.2.4 Abschätzung der Wandrückverwitterung

Bei Kenntnis der Größe der Liefergebiete läßt sich aus den angegebenen Schuttproduktionsraten eine mittlere Rate der Rückverwitterung bestimmen. Das Liefergebiet für die Schutthalden läßt sich relativ klar definieren. Das Material kann zum überwiegenden Teil nur von den steilen Wänden des Tales stammen. Zur Bestimmung der Lieferfläche wurden als Begrenzungslinien die Oberkante der Wände sowie die Obergrenze der Schutthalden digitalisiert, welche aus der digitalisierten Geologischen Karte entnommen werden konnte. Gewisse Unsicherheiten entstehen dadurch, daß die Obergrenze der Schutthalden im Verlauf des Holozäns Schwankungen unterworfen gewesen sein kann, die Lieferfläche also nicht immer die gleiche Größe hatte. Zur genauen Bestimung der Größe der Fläche ist es weiterhin nötig, nicht die horizontale Projektion der Wandfläche, sondern unter Berücksichtigung der Neigung die wahre Oberfläche heranzuziehen. Dazu wurde aus dem Digitalen Höhenmodell (30 m-Auflösung) zunächst die Hangneigung der Wandflächen berechnet. Unter Verwendung des bereits erwähnten GRASS-Moduls *r.mapcalc* ist es mit folgender Regel möglich, für jeden Datenpunkt die wirkliche Oberfläche anzunähern.

```
r.mapcalc 'oberflaeche=if(wand,(30/cos(slope)*30/cos(slope))'
```

mit
oberflaeche   Wahre Wandfläche
wand   Horizontalprojektion der Wandfläche
slope   Hangneigung
30   Gitterweite

Für die wahre Oberfläche des Liefergebiets ergibt sich somit ein Wert von $79,2 \times 10^6$ m². Die mittlere jährliche Rückverwitterung berechnet sich dann zu

$$Rückverwitterung = \frac{17,1 \cdot 10^3 m^3 / a}{79,2 \cdot 10^6 m^2} = 0,22 mm/a \; (\pm 27\%). \qquad \text{(Gl. 15)}$$

Dieser Wert ist als Minimumwert zu sehen, da nach dem Rückschmelzen des Eises auch Schutt in den im Tal liegenden See gelangt ist. Die Angabe dieses Mittelwerts ist insofern problematisch, als die Schutthalden zum einen aus mehr oder weniger kontinuierlichem Steinschlag sehr geringer Größenordnung und zum anderen aus großen Fels- und Bergsturzmassen aufgebaut sind. Daher ist auch der Vergleich dieses Wertes mit in der Literatur beschriebenen Werten mit Vorsicht zu bewerten. BARSCH (1977) schätzt aus den Volumen von Blockgletschern in den Schweizer Alpen die Rückverwitterung auf Werte von 2,2 bis 4,5 mm/a. Diese Werte liegen damit um eine Größenordnung über den hier errechneten. Allerdings handelt es sich um zwei unterschiedliche Prozeßbereiche. Während die aktiven Blockgletscher im Bereich der periglazialen Höhenstufe liegen, die einer wesentlich intensiveren Frostverwitterung unterliegt, befindet sich Yosemite Valley bzw. auch die schuttliefernden Wände mit Höhen bis ca. 2000 m in der montanen Stufe. Angesichts der Tatsache, daß auch seismisch ausgelöste Ereignisse einen großen Anteil am Aufbau der Schutthalden haben, erscheint der Wert trotzdem gering. Allerdings werden in der Literatur auch weit geringere Rückverwitterungsraten aus Hochgebirgsregionen angegeben. So nennt GALIBERT (1965) für den Zermatter Raum einen Betrag von 0,09 bis 0,14 mm/a, ein Wert, der den hier vorgestellten sehr ähnlich ist. Sehr umfangreiche Studien zur Beziehung zwischen Größe und Häufigkeit von Steinschlag und Felsstürzen hat GARDNER (1971, 1980) in den kanadischen Rockies durchgeführt, ohne jedoch eine Rückverwitterungsrate anzugeben. RAPP (1960) hat in Nordschweden ebenfalls die Häufigkeit von Steinschlägen verschiedener Größenordnung untersucht. Es kann übereinstimmend mit WHALLEY (1984) gesagt werden, daß wesentlich mehr Untersuchungen dieser Art aus verschiedenen klimatischen und petrographischen Regionen notwendig sein werden, um ein genaueres Bild über Größe und Häufigkeit von Steinschlag, Fels- und Bergstürzen zu erhalten. Die hier vorgestellten Ergebnisse möchten hierzu einen Beitrag liefern.

5.3.3 Interpretation

Bei den angegebenen Werten muß berücksichtigt werden, daß es sich um Mittelwerte verschieden langer Zeiträume handelt. Während für die historische Periode ab 1850 von einer nahezu lückenlosen Zeitreihe für Massenbewegungen ausgegangen werden kann, die auch Extremereignisse erfaßt, ist das gesamte Holozän durch einen einzigen Mittelwert repräsentiert. Es gibt keine Informationen über Häufigkeiten und Magnituden für das Holozän. Nur von sehr wenigen prähistorischen Ereignissen ist ihr Ausmaß bekannt. So beträgt das Volumen des Bergsturzes, der Tenaya Lake aufgestaut hat, ca. $11,4 \times 10^6 \, m^3$. Ein aktuelles Ereignis diesen Ausmaßes könnte die historische Rate erheblich verändern. Angesichts dessen und der Tatsache, daß Erdbeben die volumenmäßig größten Ablagerungen produziert haben, zeigt sich hier die Problematik der Angabe eines Mittelwerts besonders deutlich. Ein großes Erdbeben könnte den historischen Mittelwert sehr stark erhöhen und die Unterschiede zwischen den zwei verglichenen Perioden verschwinden lassen oder gar umkehren. Hier stellt sich also die Frage, ob eher Extremereignisse die Verteilung bestimmen oder ob kontinuierliche Schuttlieferung das Bild der Talflanken prägt. In Yosemite Valley können jedes Jahr Steinschlag und Felsstürze beobachtet werden. Es kommen Ereignisse jeder Größenordnung vor, so daß davon ausgegangen werden muß, daß das gegenwärtige Bild des Haupttals mit seinen großen Schutthalden eine Mischung

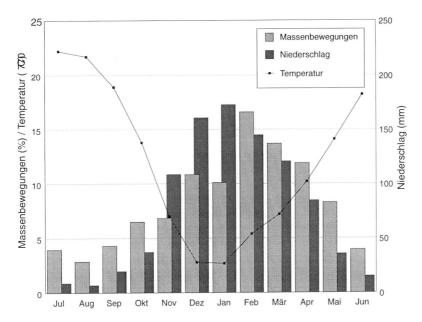

Abb. 52: Jährliche Verteilung von Niederschlag, Temperatur und Massenbewegungen in Yosemite Valley. (Quelle: WIECZOREK & JÄGER 1995)

von kontinuierlicher, klimatisch gesteurter Deposition und überwiegend seismisch gesteuerten Extremereignissen darstellt. Für die klimatisch gesteuerte Auslösung spricht das zeitliche Auftreten der meisten Massenbewegungen in den Monaten Februar, März und April, etwas zeitversetzt mit den niederschlagreichsten Monaten Dezember, Januar und Februar (Abb. 52).

5.4 Gefahrenbewertung

Aus den Archivdaten, die WIECZOREK et al. (1992) zusammengestellt haben, geht hervor, daß seit etwa 1850 sieben Menschen durch Massenbewegungen in Yosemite Valley ihr Leben verloren und mindestens 20 Menschen Verletzungen erlitten. Mehrere Massenbewegungen, die sich während Unwettern zwischen dem

12. und 21. Februar 1986 ereigneten, haben Sachschäden an Straßen und Wegen von rd. 1,3 Mio. US-Dollar verursacht. Es stellt sich somit außer der geomorphologischen Einordnung der abgeschätzten Rückverwitterungsraten auch die Frage nach den aktuellen Gefahren, denen die Besucher und die Parkanlagen ausgesetzt sind.

Aus dem Wert der mittleren Rückverwitterung von ca. 0,2 mm/a ergibt sich ein mittlerer Betrag der Rückverlagerung der Wände von etwa 3 m in 15.000 Jahren. Es ist klar, daß sich die Wandrückverlagerung nicht als kontinuierlicher Prozeß vollzieht, sondern sowohl zeitlich als auch räumlich differenziert abläuft, wie in der Karte der Schuttmächtigkeiten deutlich erkennbar ist. Da die Schuttakkumulation eine mittlere Situation für das Holozän darstellt, kann daraus zunächst auch nur auf eine mittlere, wenig aussagekräftige Gefährdungssituation geschlossen werden, welche für die Planung von geringem Wert ist. Die aktuelle Gefährdung stellt sich wesentlich differenzierter dar und setzt sich zusammen aus den verschiedenen Prozessen, die auch während des Holozäns zur Schuttakkumulation beigetragen haben: Steinschlag, Fels- und Bergstürze sowie Murgänge.

Die nächten Unterkapitel präsentieren die Vorarbeiten zu einer prozeßorientierten Zonierung der Steinschlag- und Felssturzgefährdung. Als Grundlage wird hierfür ein physikalisch basiertes Modell verwendet. Die Gefährdung durch Murgänge stellt sich als wesentlich komplexeres Phänomen dar und ist derzeit noch nicht in Bearbeitung. Hierzu fehlen noch wesentliche Geländedaten über Liefergebiete und Murbahnen.

5.4.1   Modellauswahl

Für die Zonierung der Gefährdung ist es von größter Bedeutung, die mögliche Reichweite von Steinschlagfragmenten beurteilen zu können. Zur Bewertung der Steinschlaggefahr unterscheiden HUNGR & EVANS (1988) geologische, empirische und analytische Ansätze. Unter geologischen Ansätzen verstehen sie die Einschätzung der Gefährdung durch Kartierung der Reichweiten von Steinschlagfragmenten unterschiedlichen Alters. Bei hinreichend genauer Datierung kann damit eine zeitliche Wahrscheinlichkeit abgeleitet werden. Empirische Ansätze basieren größtenteils auf der Messung einer sogenannten Schattenzone, worunter man einen Maximalwinkel versteht, in dem Steinschlag zu erwarten ist. Analytische Ansätze hingegen versuchen den eigentlichen Prozeß des Fallens und Rollens von Gesteinsbrocken auf Basis physikalischer Gesetze zu modellieren. Das in dieser Arbeit verwendete Modell ist als analytisches Modell zu bezeichnen und basiert auf dem von PFEIFFER et al. (1989) entwickelten *Colorado Rockfall Simulation Program (CRSP)*. Es ist ein zweidimensionales, physikalisch basiertes Modell, welches die Trajektorien von Steinschlagfragmenten entlang eines Höhenprofils modelliert. Durch ein Zufallsverfahren bei der Berechnung des Aufprallwinkels und eine vielfache Wiederholung des Modells erhält man als Ergebnis eine Verteilung der Reichweite der Fragmente. Führt man die Modellrechnungen an verschiedenen Punkten und entlang vieler möglicher Sturzbahnen, die natürlich sorgfältig ausgewählt werden müssen, durch, so kann damit eine Karte der Reichweitenverteilung erstellt werden, welche die Basis für die Zonierung der Steinschlaggefahr darstellt.

5.4.2 Modellparameter

Der Steinschlagprozeß wird von mehreren Parametern gesteuert. Die potentielle Energie eines Fragments wird während des Prozesses zunächst in kinetische Energie umgewandelt, welche letzlich durch Stoßvorgänge mit dem Untergrund verloren geht, bis der Stein zur Ruhe gelangt. Der Energieaustausch mit dem Untergrund ist dabei abhängig von der Form, dem Gewicht und dem Material des Fragments, der Hanggeometrie sowie den Eigenschaften des Untergrunds. Die Eigenschaften des Untergrunds werden in CRSP durch einen Oberflächenrauhigkeitsparameter parametrisiert. Dieser Wert bestimmt, mit welchem Winkel innerhalb bestimmter Grenzwerte ein Gesteinsfragment wieder vom Boden abspringt. Weiterhin hängt der Energieaustausch vom Material des Untergrundes ab. Beim Aufprall kann die Energie in eine zur Oberfläche senkrecht verlaufende und in eine parallel verlaufende Komponente unterteilt werden. Die Werte dieser beiden Anteile hängen vom Aufprallwinkel ab. Der im Modell als R_n bezeichnete Koeffizient für den Energieaustausch senkrecht zur Hangoberfläche hängt im wesentlichen von den Elastizitätseigenschaften des Untergrundes ab (PFEIFFER et al. 1993). Der als R_t bezeichnete Koeffizient für den hangparallelen (tangentialen) Energieverlust dient zur Einbeziehung der lateralen Variabilität des Untergrundes und des Verlusts von Energie durch Reibung. Da auch die Form des Gesteinsfragments auf den Prozeß einen Einfluß hat, ist es in dem Modell möglich, das Fragment durch verschiedene Formen zu charakterisieren. Es kann zwischen kugel-, scheiben- und zylinderförmigen Körpern gewählt werden. Über die auszuwählende Dichte des Materials und die einzugebenden Dimensionen wird dann die Masse bestimmt. Das Hangprofil geht in das Modell durch eine vom Nutzer zu bestimmende und zu messende Anzahl von Hangsegmenten ein, die jeweils durch ihre Anfangs- und Endhöhe sowie durch ihre Länge bestimmt sind.

5.4.3 Erhebung der Daten

Im Gelände wurden nun für drei Profile an einem Teststandort die erforderlichen Modellparameter erhoben. Als Teststandort wurde die Stelle unter Union Point (nahe Glacier Point, s. Abb. 42) gewählt, da er zum einen leicht zugänglich war und zum anderen die Fragmente über einen Wanderweg hinaus verteilt sind und nahe bis an die Straße heranreichen. Es kann also hier von einer erhöhten Gefährdung der Besucher ausgegangen werden. Zur Vorbereitung der Geländearbeiten wurden die Profile aus dem Digitalen Höhenmodell entnommen. Vom Autor wurde hierzu ein Programm geschrieben, welches unter Nutzung der vorhandener GRASS-Module eine Ausgabedatei produziert, welche CRSP als Eingabedatei akzeptiert (Anhang I).

Im Gelände wurden dann für die gesamte Länge der Profile im Abstand von zehn Metern folgende Werte bestimmt:
• Oberflächenrauhigkeit (SR)
• R_n
• R_t

Der Oberflächenrauhigkeitsparameter SR in CRSP ist definiert als die Variabilität des Hanges innerhalb des Radius des Gesteinsfragments. Sie bestimmt somit den möglichen Wertebereich des lokalen Winkels beim Aufprall, der im Rahmen dieser Variabilität durch ein Zufallsverfahren bestimmt wird. PFEIFFER et al. (1993) haben umfangreiche Experimente und Kalibrierungen durchgeführt, um Wertebereiche für die hangnormalen und tangentialen Reibungskoeffizienten festzulegen. Diese dienten als Grundlage für die im Gelände bestimmten Werte und können den Tabellen G & H in PFEIFFER et al. (1993) entnommen werden. Um realistische Eingangsdaten über Größe und Form der Gesteinsfragmente zu erhalten, wurden im unteren Bereich der Profile innerhalb von Quadraten mit zehn Metern Kantenläge jeweils zehn Gesteinsfragmente in drei Dimensionen vermessen. Aus diesen Vermessungen wurde dann die zu wählende Form für das Modell bestimmt. Aus den Vermessungen ergab sich ein mittlerer Radius von 0,95 m und eine mittlere Länge von 4,7 m bei einer zylindrischen Form. Das Gewicht eines solchen Blocks beträgt rund 70 Tonnen.

5.4.4 Modellergebnisse

Für jedes Profil wurden nun 250 Modelläufe durchgeführt, wobei die o.a. Parameter als Eingangsdaten dienten. Das Modell unterteilt das verwendete Profil in Abschnitte zu zehn Metern, für welche die Anzahl der Fragmente angegeben werden, welche bis zu jedem Punkt gelangten. Diese Angaben können wiederum in GRASS übertragen werden und bei entsprechender Klassifizierung als Wahrscheinlichkeit in eine Karte übertragen werden. Abb. 53 zeigt die Zonierung für die drei Testprofile. Die der Karte zugrunde liegenden Berechnungen des Modells sind in Anhang J aufgelistet.

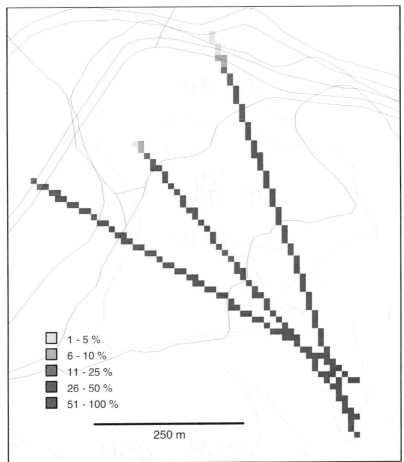

Abb. 53: Wahrscheinlichkeiten der Reichweite von Gesteinsfragmenten basierend auf der Modellsimulation.

5.4.5   Bewertung der Ergebnisse

Die drei Profile zeigen im wesentlich ähnliches Verhalten. Mehr als 50 % der Gesteinsbrocken erreichen theoretisch den Wanderweg, welcher ohnehin durch die Akkumulationszone eines subrezenten Bergsturzes verläuft. Es kann also zumindest im Bereich des Wanderweges im Falle eines Steinschlags von einer erhöhten Gefährdung ausgegangen werden. Bei zwei der drei Profile erreichen immerhin noch mehr als 10 % (Profil 1) bzw. mehr als 6 % (Profil 3) die Straße. Auch die Geländesituation bestätigt die Modellsimulation insofern, als vereinzelt größere Blöcke über den Talboden bis hin zum Fluß zu finden sind. Es kann also angenommen werden, daß die Modellsimulation die Realität gut nachzeichnet und das Modell somit eine gute Grundlage für eine weitere Zonierung des Tals bietet. Dazu ist es notwendig, an zahlreichen Profilen die gleichen Simulationen durchzuführen und die Wahrscheinlichkeiten in einer Karte einzutragen. Eine solche Karte könnte von der Parkverwaltung bei der Standortwahl für neue Parkeinrichtungen, wie etwa Campingplätze oder Parkplätze eingesetzt werden.

Es muß an dieser Stelle einschränkend gesagt werden, daß es sich bei dieser Modellsimulation um ein räumliches Modell handelt. Es wird die Auftrittswahrscheinlichkeit der Reichweite von Steinschlagfragmenten simuliert, jedoch nicht deren zeitliche Wahrscheinlichkeit. Zu deren Beurteilung steht z.Zt. nur die Karte der Schuttmächtigkeiten zur Verfügung, aus der sich grob abschätzen läßt, wo es am häufigsten zu Steinschlag- und Felssturzereignissen kommt.

5.5 Zusammenfassung

Massenbewegungen zählen in Yosemite Valley zu den aktivsten rezenten Prozessen. Felsstürze haben an den Talflanken mächtige Schutthalden aufgeschüttet. Hinzu kommen durch häufige Murgänge produzierte Murkegel. Die wichtigsten Auslösefaktoren sind seismischer und klimatischer Natur. Mit Hilfe digitaler Geländemodelle und eines Geographischen Informationssystems gelang es, das seit Ende der Tiogavereisung (ca. 15.000 Jahre BP) angesammelte Schuttvolumen zu bestimmen. Es beträgt 0,283 km^3 und setzt sich aus 0,257 km^3 auf Schutthalden und 0,026 km^3 auf Schuttkegeln zusammen. Aus den berechneten Volumina wurde die holozäne Schuttproduktionsrate abgeschätzt. Sie liegt bei $18,9 \times 10^3$ m^3/a. Im Vergleich zu der aus Archivdaten von 1851-1992 abgeleiteten historischen Rate von $8,7 \times 10^3$ m^3/a ergibt sich ein etwa doppelt so hoher Wert für die holozäne Rate. Es bietet sich ein interessanter Vergleich mit den Werten von JÄCKLI (1957, S. 33) an, der für eine ähnliche Zeitspanne die Geomorphodynamik des bündnerischen Rheingebiets untersucht hat und die Rate der Massenverlagerung durch Bergstürze zwischen etwa 1800 und 1950 auf rd. 16×10^3 m^3 beziffert. Der Vergleich ist durchaus problematisch, da es sich sowohl in klimatischer als auch in tektonischer Hinsicht um zwei sehr unterschiedliche Gebiete handelt. Im Vergleich mit dem Flimser Bergsturz jedoch nehmen sich diese Werte recht bescheiden aus. Von diesem ist zwar das Volumen nicht bekannt, bei einer Fläche von ca. 40 km^2 liegt diese jedoch mit Sicherheit um einige Größenordnungen über den hier vorgestellten. Das macht deutlich, wie wenig aussagekräftig letztlich die relativ kurzen Beobachtungsperioden sind. Ein einziger rezenter Bergsturz der Größenordnung von Flims würde eine Berechnung rezenter Massenbewegungsraten sehr fraglich erscheinen lassen. Vor diesem Hintergrund müssen auch mögliche Erklärungsversuche gesehen werden, die für die vorgestellten Daten in Betracht kommen, wozu entweder klimatische Faktoren herangezogen werden könnten oder aber große, unregelmäßig auftretende Erdbeben. Aus der berechneten Schuttproduktionsrate konnte weiterhin unter Berücksichtigung der Lieferfläche auch die mittlere Rückverlagerung der schuttliefernden Wände berechnet werden. Sie beträgt im Mittel 0,2 mm/a bzw. rd. 3 m in 15.000 Jahren.

Da das übergreifende Thema dieser Arbeit in der praxisrelevanten Bewertung geomorphologischer Naturgefahren besteht, wird weiterhin ein Verfahren vorgestellt, welches die Möglichkeiten zu einer Zonierung der Steinschlag- und Felssturzgefährdung aufzuzeigen versucht. Es handelt sich um ein physikalisch basiertes Modell, welches die Reichweite von Steinschlagfragmenten simuliert. Mit Hilfe von Schnittstellen zu einem GIS können die Ergebnisse des Modells in eine Karte übertragen werden. Zur Verfeinerung einer Zonierung, die von der Parkverwaltung sinnvoll eingesetzt werden kann, ist es nach Meinung des Autors notwendig, zum einen den Zusammenhang zwischen den Auslösefaktoren und rezenten Massenbewegungen intensiver zu untersuchen. Zum anderen kommt es in räumlicher Hinsicht hauptsächlich darauf an, potentielle Ablagerungsräume von Felssturzarealen auszuweisen. Die Karte der Schuttmächtigkeiten liefert hierfür gute Ansatzpunkte.

6. ZUSAMMENFASSUNG UND AUSBLICK

In der vorliegenden Arbeit werden drei Fallstudien zur Abschätzung geomorphologischer Naturgefahren, speziell von Massenbewegungen, präsentiert. Der Begriff der Naturgefahr wird hierbei als räumliche und zeitliche Wahrscheinlichkeit für das Auftreten von Massenbewegungen verstanden und folgt damit der von der UNDRO angewandten Definition. Den verfahrenstechnischen Schwerpunkt in der Erstellung von Gefahrenkarten bilden GIS-gestützte Methoden zur Umsetzung statistischer Modelle in Gefahrenkarten mittleren Maßstabs, Der räumliche Aspekt der Gefahrenzonierung wird ergänzt durch die Analyse von Klimazeitreihen. Geographische Informationssysteme bieten dabei in erster Linie den Vorteil einer schnellen Erfassung und Darstellung der im Gelände bzw. aus Luftbildern kartierten Massenbewegungen, sowie der Umsetzung statistischer Modelle in planungsorientierte Gefährdungskarten mit Hilfe der parametrisierten Gelände- bzw. Karteninformation.

Zwei der drei Fallstudien präsentieren als Ergebnis eine Gefahrenkarte im regionalen Maßstab. Dabei wurde die Methode der kategorialen Datenananlyse eingesetzt, die es erlaubt auf Basis einer Kontingenztabelle Wahrscheinlichkeiten für das Auftreten von Massenbewegungen beim Vorhandensein bestimter Faktorenkombinationen anzugeben. Die Faktoren wurden dabei so gewählt, daß eine Verbindung zum Prozeß gegeben war. In der Fallstudie Rheinhessen waren diese die Faktoren:
- Hangneigung
- Hangposition
- Lithologie

Der Vergleich mit einer bereits vorliegenden, auf konventionellen Methoden beruhenden Gefahrenkarte zeigt nur sehr geringe Unterschiede und bestätigt somit die Faktorenauswahl und die generelle Anwendbarkeit der Methode.

Die Fallstudie Rheinhessen zeigt, daß mehrere statistische Modelle an die Daten angepaßt werden können. Das Modell, welches letzlich zur Umsetzung in eine Gefahrenkarte angewandt wurde, beinhaltet neben einem lithologischen auch zwei reliefgeometrische Faktoren und zeigt somit die Bedeutung des Reliefs beim Massenbewegungsprozeß. Auch Modelle, welche die Wölbung beinhalten, konnten an die Daten angepaßt werden, wobei jedoch numerische Probleme in ihrer Berechnung bestehen. Hier bedarf es nach Meinung des Autors noch weitergehender Untersuchungen.

Für Rheinhessen werden in dieser Arbeit weiterhin Untersuchungen zum zeitlichen Aspekt von Naturgefahren vorgestellt. Als großes Problem zeigt sich dabei die relativ geringe Datendichte historischer Massenbewegungsereignisse. Die Auswertungen wurden mit Jahreswerten von Niederschlag und Temperatur für die letzten 100 Jahre vorgenommen. Anhand eines Modells zur Berechnung der Evapotranspiration wurde ein klimatischer Index berechnet und Abschätzungen über das Wiederkehrintervall potentiell rutschungsauslösender Grenzwerte vorgenommen. Es zeigt sich, daß im Durchschnitt rund alle fünf bis sechs Jahre mit einer kritischen klimatischen Situation zu rechnen ist. Ein Extremereignis wie 1981/82 ist im Schnitt alle 50 Jahre zu erwarten.

In der Fallstudie Tully Valley, New York, stand der Anwendungsaspekt Geographischer Informationssysteme stark im Vordergrund. Ausgehend von einem einzelnen Ereignis wurde in Zusammenarbeit mit lokalen und nationalen Behörden eine Inventar- und Gefahrenkarte erstellt, die als Grundlage für die regionale Bewertung der Hangstabilität dient. Mittlerweile setzen die zuständigen Planungsgremien die Karte in der Bauleitplanung ein. Auch in dieser Fallstudie wurde in methodischer Hinsicht auf die kategoriale Datenanalyse zurückgegriffen. Ausgehend von Geländebeobachtungen wurden folgende Faktoren in der Modellauswahl berücksichtigt:
• auf glazifluvialen Substraten entwickelte Bodenserien
• drei Niveaus pleistozäner proglazialer Seen
• Hangneigung

Hier zeigt sich eine insgesamt nur schwach befriedigende Modellanpassung. Als Gründe hierfür kommen sowohl die schlechte Auflösung (90 m) des Höhenmodells in Frage als auch die Möglichkeit, daß die verwendeten Faktoren nur zum Teil zur Erklärung der räumlichen Verteilung der beobachteten Prozesse beitragen. Trotzdem konnte mit der vorhandenen Information in relativ kurzer Zeit eine Gefahrenkarte für das Untersuchungsgebiet erstellt werden, welche es jetzt allerdings zu verbessern gilt.

Hinsichtlich der zeitlichen Auflösung konnte in dieser Fallstudie allerdings über eine grobe Einteilung der Alters- bzw. Aktivitätsstufen in der Inventarkarte nicht hinausgegangen werden. Eine Integration dieser Stufen in das Gefahrenmodell war aufgrund der geringen Anzahl nicht möglich.

Ein etwas anderer Schwerpunkt wurde bei der Fallstudie Yosemite Valley gelegt. Hier ging es nicht in erster Linie um die Erstellung einer Gefahrenkarte im Sinne der Ausweisung von Zonen unterschiedlicher Gefährdung. Vielmehr stand im Vordergrund, zunächst durch eine Abschätzung postpleistozän akkumulierter Hangschuttmengen indirekt ein räumlich differenziertes Bild der potentiellen Gefährdung zu erhalten. Die Berechnung der Volumina erfolgte ebenfalls mit Hilfe Geographischer Informationssysteme. Dazu wurden mehrere Digitale Höhenmodelle erzeugt und miteinander verschnitten. Weiterhin konnte durch die Berechnung der Volumina die postpleistozäne (ca. 15.000 Jahre) Akkumulationsrate abgeschätzt und mit einer bereits aus Archivarbeiten vorliegenden historischen (ca. 140 Jahre) Akkumulationsrate verglichen werden. Es zeigte sich, daß die postpleistozäne Rate mit $18,9 \cdot 10^3$ m^3/a etwa doppelt so hoch liegt wie die historische ($8,7 \cdot 10^3$ m^3/a). Aus diesen Daten konnte wiederum die Rückverwitterungsrate berechnet werden. Diese beträgt für das Holozän 0,22 mm/a und ist somit eher als niedrig zu bezeichnen.

Der Unterschied in den Akkumulationsraten ist möglicherweise auf das relativ trockene Klima währende der letzten rd. 140 Jahre zurückzuführen. Auch läßt die jahreszeitliche Verteilung der Massenbewegungen mit einem zeitlich etwas versetzten Maximum nach den niederschlagreichsten Monaten eine witterungsklimatische Steuerung der Auslösung von Massenbewegungen vermuten. Ein endgültiger Beweis kann jedoch an dieser Stelle nicht geliefert werden, da eine rein klimatische Interpretation der Ergebnisse durch die Tatsache erschwert wird, daß die weitaus größten Ereignisse durch Erdbeben ausgelöst wurden, über deren Häufigkeit während des Holozäns z.Zt. nur spekuliert werden kann. Für das Holozän gibt es keine differenzierten Daten über Magnitude und Häufigkeiten von Massenbewegungen, so daß hier der Schwerpunkt weiterer Untersuchungen liegen sollte.

In einem weiteren Schritt wurde auf der Grundlage eines physikalisch basierten Steinschlagmodells ein Verfahren zur Zonierung der Steinschlaggefährdung erarbeitet und an einem Teststandort durchgeführt. Es dient als Grundlage für weiterführende Arbeiten.

Wie bereits erwähnt liegt der methodische und verfahrenstechnische Schwerpunkt dieser Arbeit auf der Anwendung Geographischer Informationssysteme und der Analyse ihres Potentials bei der quantitativen Beurteilung geomorphologischer Gefahren. Es konnte gezeigt werden, daß GIS effektiv zur Erstellung von Gefahrenkarten im regionalen Maßstab genutzt werden können und flexibel genug sind, statistische Modelle zu integrieren. Es muß jedoch betont werden, daß ein statistisches Modell immer nur so gut sein kann wie die Informationen, welche in ihm verarbeitet werden. Es ist wichtig, sich über die physikalischen Grundlagen des Prozesses Gedanken zu machen und die a priori angenommenen verantwortlichen Faktoren entsprechend zu parametrisieren. Besonders hinsichtlich der Integration bodenmechanischer Parameter, die oft eine sehr große Variabilität aufweisen, in regionale Gefahrenmodelle bestehen noch erhebliche Forschungsdefizite.

Als weitestgehend ungelöst muß die Integration physikalisch basierter Modelle innerhalb eines GIS-gestützten Ansatzes bewertet werden. Insbesonders dreidimensionale Probleme können die bisher vorhandenen Systeme noch nicht oder nur unbefriedigend lösen. Dies liegt zum einen daran, daß die physikalisch basierten Modelle oft eine große Anzahl von Parametern benötigen, die nur durch aufwendige Labortests bzw. Geländeaufnahmen geliefert werden könnten. Zum anderen bestehen noch erhebliche Defizite in der Einbeziehung geomorphogenetischer Interpretationen in regionale Gefahrenmodelle.

Die vorgestellten Fallstudien zielen darauf ab, die von HUTCHINSON (1992) geforderte Integration geomorphologischen und geotechnischen Wissens in regionale Bewertungsansätze umzusetzen. Die Kombination der Faktoren der Kontingenztabelle kann als *geomorphological terrain unit* betrachtet werden, insbesondere wenn sie mit geomorphometerischen, geomorphogenetischen und geotechnischen Parametern gefüllt werden kann. Hinsichtlich dieses Problemkreises liegt der Schwerpunkt dieser Arbeit auf den morphometrischen Attributen. Die geotechnische Seite wurde in der Fallstudie Rheinhessen durch eine Einschätzung der Scherfestigkeiten und Reibungswinkel angestrebt. Eine wesentliche Verbesserung der präsentierten Modelle könnnte durch eine Intensivierung der Bestimmung bodenmechanischer Kenngrößen an möglichst typischen Proben innerhalb einer zu bearbeitenden Region erzielt werden. Wie HUTCHINSON (1992) betont, ist bei regionalen Bewertungsansätzen die Untergrundinformation in der Regel nur begrenzt verfügbar, und die abgeleiteten Gefahrenkarten sind daher mit einer mehr oder minder großen Unsicherheit behaftet. Es kommt darauf an, diese ausdrücklich zu erwähnen. Er betont weiterhin, daß uns eingeschränktes Wissen nicht davon abhalten sollte, auf die Erstellung von Gefahrenkarten zu verzichten, seien diese auch noch so einfach.

Die vorgelegten Studien zeigen, daß Geographische Informationssysteme gute Dienste bei der Umsetzung von Geländeerkenntnissen in Gefahrenmodelle liefern können. Angesichts der in der Einführung erwähnten Zunahme des öffentlichen und administrativen Interesses an schnell und reproduzierbar, also möglichst digital verfügbaren Informationen, kommt GIS eine nicht zu unterschätzende Bedeutung zu. Es wird in den folgenden Jahren darauf ankommen, sowohl das Verständnis der ablaufenden, die den Menschen und seine belebte und unbelebte Umwelt potentiell gefährdenden Prozesse zu intensivieren, als auch entsprechende Methoden und Verfahren zu ihrer quantitativen Beurteilung bereitzustellen.

Da in den geowissenschaftlichen Disziplinen die Natur das Forschungsobjekt darstellt, das sich nicht oder nur sehr eingeschränkt in experimentellen Laborbedingungen nachbilden läßt, bestehen für die hier vorgestellten Modelle praktisch keine Möglichkeiten der Verifikation oder Falsifikation. Nur das zukünftige Auftreten von Massenbewegungen kann die Qualität einer Gefahrenkarte bestätigen. Im Falle einer hohen zeitlichen und räumlichen Frequenz ist diese Beurteilung natürlich früher möglich. In eingeschränktem Maße besteht allerdings die Möglichkeit, anhand der Verbreitung bereits vergangener Massenbewegungen regionale Gefahrenmodelle zu erstellen und sie an aktuellen Prozessen zu testen.

7. LITERATUR- UND QUELLENVERZEICHNIS

ANDRES, W., KANDLER, O. & J. PREUß (1983): Geomorphologische Karte 1:25000 der Bundesrepublik Deutschland, Blatt 11, 6013 Bingen.

ANDRES, W. & J. PREUß (1983): Erläuterungen zur Geomorphologischen Karte 1:25000 der Bundesrepublik Deutschland GMK 25 - 6013 Bingen.

ANDREWS, D.E., & R. JORDAN (1978): Late Pleistocene history of south-central Onondaga County: New York State Geological Association. - Guidebook 50th Annual Meeting: 315-321.

ANIYA, M. (1985): Landslide-susceptibility mapping in the Amahata River basin, Japan - Annals of the Association of American Geographers 75: 102-114.

BAHRENBERG, G., GIESE, E., & J. NIPPER (1992): Statistische Methoden in der Geographie, Band 2, 2. Auflage, Stuttgart.

BARSCH, D. (1977): Eine Abschätzung von Schuttproduktion und Schutttransport im Bereich aktiver Blockgketscher der Schweizer Alpen. - Zeitschrift für Geomorphologie N.F., Supplement-Band. 28: 148-160.

BARSCH, D. & R. DIKAU (1989): Entwicklung einer Digitalen Geomorphologischen Basiskarte. - Geo-Informations-Systeme 3: 12-18.

BARSCH, D. FRÄNZLE, O., LESER, H., LIEDTKE, H. & G. STÄBLEIN (1978): Das GMK 25 Musterblatt für das Schwerpunktprogramm Geomorphologische Detailkartierung in der Bundesrepublik Deutschland. - Berliner Geographische Abhandlung 30: 7-19.

BAUER, J., ROHDENBURG, H. & H.-R. BORK (1985): Ein digitales Reliefmodell als Voraussetzung für ein deterministisches Modell der Wasser- und Stoff-Flüsse. Landschaftsgenese und Landschaftsökologie 10: 1-15.

BECKER, B. (1993): 11000-year german oak and pine dendrochronology for radiocarbon calibration. Radiocarbon 35: 201-231.

BERNKNOPF, R.L., CAMPBELL, R.H., BROOKSHIRE, D.S., & C.D. SHAPIRO (1988): A probabilistic approach to landslide mapping in Cincinnati, Ohio, with applications for economic evaluation. - Association of Engineering Geologists Bulletin 25: 39-56.

BISHOP, A.W. (1955): The use of the slip circle in the stability analysis of earth slopes. - Geotéchnique 5: 7-17.H

BLAGBROUGH, J.W. (1951): The red clay deposits of Otisco Valley. Masters Thesis, Syracuse University.

BLUME, H. (1971): Probleme der Schichtstufenlandschaft. Erträge der Forschung, Darmstadt.

BURROUGH, P.A. (1986): Principles of GIS for Land Resources Assessment. Oxford.

BRABB, E.E. (1991): The World Landslide Problem. - Episodes 14: 52-61.

BRABB, E.E., PAMPEYAN. E.H., & M.G. BONILLA (1972): Landslide susceptibility in San Mateo County, California. - U.S. Geological Survey Miscellaneous Field Studies Map MF-360, scale 1:62,500.

BROOKS, S.M., RICHARDS, K.S. & M.G. ANDERSON (1993): Shallow failure mechanisms during the Holocene: Utilisation of a coupled slope hydrology-slope stability model. - Thomas, D.S.G. & R.J. Allison (Hrsg.): Landscape Sensitivity: 149-175. Chichester.
BRUNSDEN, D. (1987): Principles of Hazard assessment in neotectonic terrains. - Memoir of the Geological Society of China 9: 305-334.
BRUNSDEN, D., Doornkamp, J.C., Fookes, P.G., Jones, D.K.C. & J.M.H. Kelly (1975): Large Scale Geomorphological Mapping and Highway Engineering Design. Quaterly Journal of Engineering Geology 8: 227-253.
BULL, W.B. (1991): Geomorphic Responses to Climatic Change. New York.
BULL, W.B., KING, J., KONG, F., MOUTOUX, T. & W.M. PHILLIPS (1994): Lichen dating of coseismic landslide hazards in alpine mountains. - Geomorphology 10: 253-264.
BURROUGH, P.A. (1986): Principles of Geographic Information Systems for ressource assessment. Oxford.
BURSIK, M.J. & A.R. GILLESPIE (1993): Late Pleistocene glaciation of Mono Basin, California. - Quaternary Research 39: 24-35.
BRYANT, E.A. (1991): Natural Hazards. Cambridge.
CAINE, N. (1980): The rainfall intensity-duration control of shallow landslides and debris flows. - Geografiska Annaler 62A: 23-27.
CAMPBELL, R.H. & R.L. BERNKNOPF (1993): Time-dependent landslide probability mapping. - American Society of Civil Engineers, Proceedings of the 1993 Conference, Hydraulic Engineering '93; July, 1993, San Francisco: 1902-1907.
CAMPBELL, R.H., BERNKNOPF, R.L. & D.R. SOLLER (1994): Mapping Time-Dependent Changes in Soil Slip-Debris Flow Probability. - US Geological Survey Open-File Report 94-699.
CANUTI, P., FOCARDI, P. & C.A. GARZONIO (1985): Correlation between rainfall and landslides. - Bulletin of the International Association of Engeneering Geology 32: 49-54.
CARRARA, A. (1983): Multivariate models for landslide hazard evaluation. - Mathematical Geology 15: 403-426.
CARRARA, A., CARDINALI, M. et al. (1991): GIS Techniques and statistical models in evaluating landslide hazard. - Earth Surface Processes and Landforms 16: 427-445
CHORLEY, R.J., SCHUMM, S.A. & D.E. SUGDEN (1985): Geomorphology, London.
CHURCH, M. & M.J. MILES (1987): Meteorological antecedents to debris flow in southwestern British Columbia. Some casestudies. - Geological Society of America. Reviews in Engeneering Geology 7: 63-79.
COATES, D.R. (1968): Finger Lakes. - Fairbridge, R.W. (Hrsg.): Encyclopedia of Geomorphology: 351-357.
COATES, D.R. (1974): Reapraisal of the glaciated Appalachian plateau. - Coates: Glacial Geomorphology: 205-243. Binghampton.

CLARK, W.A.V. & P.L. HOSKING (1986): Statitical methods for geographers, New York.

COROMINAS, J., WEISS, E.E.J., VAN STEIJN, H. & J. MOYA (1994): The use of dating techniques to assess landslide frequency, exemplified by case studies from european countries. - Casale, R., Fantechi, R. & J.-C. Flageollet (Hrsg.): Commission of the European Community: Programme EPOCH, Contract 90-0025 Temporal occurrences and forecasting of landslides in the European Community, Final Report, EUR 15805, Part 1: 71-94.

COTECCHIA, V. (1987): Earthquake-prone Environments. - Anderson, Mg. & K.S. Richards (Hrsg.): Slope Stability: 287-330. Chichester.

CROZIER, M.J. (1986): Landslides: causes, consequences, and environment. London.

CROZIER, M.J. & R.J. EYLES (1980): Assessing the probability of rapid mass movements. Third Australien - New Zealand Conf. on Geomechanics, Welllington 1980, V. 2: 2-47-2-51.

D'ELIA B., ESU, F., PELLEGRINO, A. & T.S. PESCATORE (1985): Some Effects on natural slope stability induced by the 1980 Italian Earthquake. - Proceedings 11th International Symposium on Soil Mechanics & Foundation Engineering, San Franciso 4: 1943-1949.

DIKAU, R. (1988): Entwurf einer geomorphographisch-analytischen Systematik von Reliefeinheiten. - Heidelberger Geographische Bausteine 5.

DIKAU, R. (1989): The application of a digital relief model to landform aqnalysis in geomorphology. - Raper, J. (Hrsg.): Three Dimensional Application in Geographic Information Systems: 51-77. London.

DIKAU, R. (1990A): Derivatives from detailed geoscientific maps using computer methods. - Zeitschrift für Geomorphologie, Neue Folge, Supplement-Band. 80: 45-55.

DIKAU, R. (1990B): Geomorphic landform modelling based on hierarchy theory. - Proceedings 4th International Symposium in Spatial Data Handling, 23.-27. July 1990, Zürich: 230-239.

DIKAU, R.: (1992): Aspects of constructing a digital geomorphological base map. - Geologisches Jahrbuch A 122: 357-370.

DIKAU, R. (1993): Computergestützte Geomorphographie. - Habilitationsschrift, Fakultät für Geowissenschaften, Universität Heidelberg.

DIKAU, R. (1995): Temporal activity and stability of landslides in Europe with respect to climatic change. - Casale, R. (Hrsg.): Hydrogeological Hazards in the European Union, Brüssel (im Druck). Brüssel.

DIKAU, R. & S. JÄGER (1994): The temporal occurrence of landslides in South Germany. - Casale, R., Fantechi, R. & J.-C. Flageollet (Hrsg.): Commission of the European Community: Programme EPOCH, Contract 90-0025 Temporal occurrences and forecasting of landslides in the European Community, Final Report, EUR 15805, Part II: 509-564. Brüssel.

DIKAU, R. & S. JÄGER (1995): Landslide hazard modelling in Germany and New Mexico. - McGregor, D. & D. Thompson, D. (Hrsg.): Geomorphology and Land Management in a Changing Environment: 51-67. Chichester:

DIKAU, R., CAVALLIN, A. & S. JÄGER (1994): Databases and GIS for landslide research in Europe. - Casale, R., Fantechi, R. & J.-C. Flageollet (Hrsg.): Commission of the European Community: Programme EPOCH, Contract 90-0025 Temporal occurrences and forecasting of landslides in the European Community, Final Report, EUR 15805, Part I: 96-116. Brüssel.

DIKAU, R., BRUNSDEN, D., SCHROTT, L. & M.-L. IBSEN (Hrsg.) (1996): Landslide Recognition: identification, movement and causes. Chichester.

Dorn, R.I., Turrin, B.D., Jull, A.J.T., Linick, T.W. & D.J. Donahue (1987): Radiocarbon and cation-ratio ages for rock varnish on Tioga and Tahoe morainal boulders of Pine Creek, eastern Sierra Nevada, California, and their paleoclimatic implications. - Quaternary Research 28: 38-49.

DUNCAN, J.M. (1996): Soil Slope Stability Analysis. - Turner, A.K. & R.L. Schuster (Hrsg.): Landslides: Investigation and Mitigation: 337-371.

DUNN, J.R., & G.M. BANINO (1977): Problems with Lake Albany "clays". - Coates, D.R. (Hrsg.): Landslides, Reviews in Engineering Geology 3, Geological Society of America: 133-136. Boulder.

EISENHARDT, T. (1968): Klimaschwankungen im Rhein-Main-Gebiet seit 1880. - Forschungen zur Deutschen Landeskunde 165.

EVANS, I.S. (1972): General Geomorphometry, derivatives of altitude, and descriptive statistics. - Chorley, R.J. (Hrsg): Spatial Analysis in Geomorphology, London: 17-90.

FAIRCHILD, H.L. (1934b): Cayuga Valley Lake history. - Geological Society of America Bulletin: 233-280.

FAIRCHILD, H.L. (1899A): Glacial Lakes Newberry, Warren and Dana, in central New York. - American Journal of Science, 4th Series 7: 249-263.

FAIRCHILD, H.L. (1899B): Glacial Waters in the Finger Lakes region of New York. - Geological Society of AmericaBulletin 45: 27-68.

FAIRCHILD, H.L. (1934A): Seneca Valley physiographic and glacial history - Geological Society of America Bulletin 45: 1073-1110.

FELLENIUS, W. (1936): Calculation of the stability of earth dams. - Transactions 2nd Congress on Large Dams, Washinton, D.C. 4: 445-465.

FICKIES, R.H. (1993): A large landslide in Tully Valley, Onondaga County, New York - Association of Engineering Geologists News 36/4: 22-24.

FICKIES, R.H., & E.E. BRABB (1989): Landslide Inventory Map of New York. - New York State Museum Circular 52, 1 Map, scale 1:500000.

FINLAYSON, B. & I. STRATHAM (1980): Hillslope analysis. London.

FLAGEOLLET, J.-C. (1994): The Time dimension in the mapping of Earth movements. - Casale, R., Fantechi, R. & J.-C. Flageollet (Hrsg.): Commission of the European Community: Programme EPOCH, Contract 90-0025 Temporal occurrences and forecasting of landslides in the European Community, Final Report, EUR 15805, Part 1: 7-20. Brüssel.

FLEMING, R.W., JOHNSON, A.M., & J.E. HOUGH (1981): Engineering geology of the Cincinnati area. - Geological Society of America, Annual Meeting, Field Trip Guide 18: 543-570.

FULLERTON, D.S. (1980): Preliminary correlation of Post-Erie Interstadial events (16000-10000 radiocarbon years before present), Central and Eastern Great Lakes region, and Hudson, Champlain and St. Lawrence Lowlands, United States and Canada. - US Geological Survey Professional Paper 1089.

GALIBERT, G. (1965): La haute montagne alpine. L'évolution actuelle des formes dans les hauts massifs des Alpes et dans certains reliefs de comparaison. Toulouse.

GARDNER, J. (1971): A note on rockfalls and north faces in the Lake Louise area. - American Alpine Journal 17: 317-318.

GARDNER, J. (1980): Frequency, magnitude and spatial distribution of mountain rockfalls and rockslides in the Highwood Pass area, Alberta, Canada. - Coates, D.R & J. D. Vitek (Hrsg.): Thresholds in Geomorphology: 267-295. Boston.

GEOLOGISCHES LANDESAMT RHEINLAND-PFALZ (1983): Bericht der Sachverständigenkommision über die Rutschungen in Weinbergslagen von Rheinland-Pfalz im Winter 1981/82, unveröffentlicht.

GÖRG, L. (1983): Das System pleistozäner Terrassen im Unteren Nahetal zwischen Bingen und Bad Kreuznach. - Marburger Geographische Schriften 95.

GOSTELOW, T.P. (1991): Rainfall and Landslides. - Almeida-Teixeira, M.E., Fantechi, R., Oliveira, R. & A. Gomes Coelho (Hrsg.): Natural hazards and engineering geology - Prevention and control of landslides and other mass movements. Proceedings of the European School of Climatology and Natural Hazards course held in Lisbon from 28 March to 5 April 1990, EUR 12918: 139-161. Brüssel.

GRASSO, T.X. (1970): Proglacial Lake Sequence in the Tully Valley, Onondaga County. - Field Trip Guide Book, New York State Geological Association, 42nd annual meeting: J1-J16.

GROVE, J.M. (1988): The Little Ice Age. London.

GROVE, J.M. (1972): The incidence of landslides, avalanches, and floods in western Norway during the little ice age. - Arctic and Alpine Research 4: 131-138.

GUDEHUS, G. (1981): Bodenmechanik. Stuttgart.

GUTENBERG, B., BUWALDA, J.P. & R.P. SHARP (1956): Seismic explorations on the floor of Yosemite Valley, California. - Geological Society of America Bulletin 67: 1051-1078.

HAMMOND, C.J., PRELLWITZ, R.W. & S.M. MILLER (1992): Landslide hazard assessment using Monte Carlo simulation. - Landslides, Proceedings of the sixth International Symposium on Landslides, Christchurch, NZ: 959-964.

HAND, B.M. (1978): Syracuse meltwater channels. - Merriam, D.F. (Hrsg.): New York State Geological Association Guidebook, 50th Annual Meeting, 23.-24. September, 1978: 286-314.
HANSEN, A. & C.A.M. FRANKS (1991): Characterisation and mapping of earthquake triggered landslides for seismic zonation. - Proceedings of the Fourth International Conference on Seismic Zonation, Stanford, California, 26.-29. August 1991, V. 1: 149-195.
HANSEN, M.J. (1984): Strategies for classification of landslides. - Brunsden, D. & D.B. Prior (Hrsg.): Slope Instablity: 1-25. Chichester.
HEIM, A. (1932): Bergsturz und Menschenleben. - Beiblatt zur Vierteljahresschrift der Naturforschenden Gesellschaft in Zürich, No. 20.
HUBER, N.K. (1987): The geologic story of Yosemie National Park. - US Geological Survey Bulletin 1595.
HUNGR, O. & S.G. EVANS (1988): Engineering evaluation of fragmental rockfall hazards. - Landslides, Proceedings of the fifth International Symposium on Landslides, Lausanne: 685-690.
HUTCHINSON, J.N. (1988): General report: Morphological and geotechnical parameters of landslides in relation to geology and hydrogeology. - Landslides, Proceedings of the fifth International Symposium on Landslides, Lausanne: 3-35.
HUTCHINSON, J.N. (1992): Landslide Hazard Assessment. - Sixth International Symposium on Landslides, Christchurch New Zealand.
INNES, J.L. (1983): Lichenometric dating of debris-flow deposits in the Scottish Highlands. - Earth Surface Processes and Landforms 8: 579-588.
INTERNATIONAL GEOTECHNICAL SOCIETIES UNESCO WORKINMG PARTY FOR WORLD LANDSLIDE INVENTORY (1993): Multilingual landslide glossary. Richmond, B.C., Canada.
IBSEN, M.L. & D. BRUNSDEN (1994): Mass movement and climatic variation on the south coast of Great Britain. - Worskshop on Rapid Mass Movement and Climatic Variation During the Holocene, 21.-23. October Mainz, in Vorb.
IVERSON, R.M. (1992): Sensitivity of stability analyses to groundwater data. - Landslides, Proceedings of the sixth International Symposium on Landslides, Christchurch, NZ: 451-457.
JANBU, N. (1956): Stability analysis of slopes with dimensionless parameters. - Harvard Soil Mechanical Series 46. Cambridge, Mass.
JÄCKLI, H. (1957): Gegenwartsgeologie des bündnerischen Rheingebiets. Ein Beitrag zur exogenen Dynamik alpiner Gebirgslandschaften. - Beiträge zur Geologie der Schweiz. Geotechnische Serie, Lieferung 36. Bern.
JÄGER, S. (1993): Computergestützte Erzeugung und Anwendung umweltrelevanter Basisdaten der Reliefgeometrie. - Geographie und Umwelt, Verhandl. des 48. Deutschen Geographentages in Basel: 153-158.
JÄGER, S. & G.F. WIECZOREK (1994): Landslide Susceptibility in the Tully Valley Area, Finger Lakes region, New York. - US Geological Survey Open-file report 94-615.

JIBSON, R.W., & D.K. KEEFER (1988): Landslides triggered by earthquakes in the central Mississippi Valley, Tennessee and Kentucky. - Russ, D.P., & A.J. CRONE (Hrsg.): The New Madrid, Missouri, earthquake, region-geological, seismological, and geotechnical studies. - U.S. Geological Survey Professional Paper 1336-C.

JONES, F.O., EMBODY, D.R., & W.L. PETERSON (1961): Landslides along the Columbia River Valley northeastern Washington. - U.S. Geological Survey Professional Paper 367.

JONES, D.K.C (1992): Landslide hazard assessment in the context of development. - McCall, G.J.H., Laming, D.J.C. & S.C. Scott (Hrsg.): Geohazards. London: 117-140. London.

KANDLER, O. (1977): Das Klima des Rhein-Main-Nahe-Raumes. - Mainzer Geographische Studien 11: 285-298.

KARLSRUD, K., AAS, G., AND O. GREGERSEN (1984): Can we predict landslide hazards in soft sensitive clays? Summary of Norwegian practice and experiences. - Fourth International Symposium on Landslides, Toronto, V. 1: 107-130.

KEEFER, D.K. (1984): Landslides caused by earthquakes. - Geological Society of America Bulletin 95: 406-421.

KEEFER, D.K. (1994): The importance of earthquake-induced landslides to long-term slope erosion and slope-failure hazards in seismically active regions. - Geomorphology 10: 265-284.

KEEFER, D., WILSON, C., MARK, R.K., BRABB, E.E., BROWN, W.M. III, ELLEN, S.D., HARP, E.L., WIECZOREK, G.F., ALGER, C.S. & R.S. ZATKIN (1987): Real-Time landslide warning during heavy rainfall. - Science 238: 921-925.

KEIL, H. (1994): Computergestützte Reliefmodellierung rutschgefährdeter Hänge in Rheinhessen. - Diplomarbeit, Geographisches Institut Universität Heidelberg (unveröffentlicht).

KIENHOLZ, H. (1977): Kombinierte geomorphologische Gefahrenkarte 1:10000 von Grindelwald. - Geographica Bernensia 4.

KIENHOLZ, H. (1978): Maps of geomorphology and natural hazards of Grindelwald, scale 1:10000. - Arctic and Alpine Research 10: 169-184.

KRAUTER, E. (1994): Hangrutschungen und deren Gefährdungspotential für Siedlungen. - Geographische Rundschau 46: 422-428.

KRAUTER, E. & K. STEINGÖTTER (1980): Kriech- und Gleitvorgänge natürlicher und künstlicher Böschungen im Tertiär des Mainzer Beckens. - 6. Donau-Europäische Konferenz für Bodenmechanik und Grundbau, Varna, Sektion 3: 153-164.

KRAUTER, E. & K. STEINGÖTTER (1983): Die Hangstabilitätskarte des linksrheinischen Mainzer Beckens. Geologisches Jahrbuch, Reihe C, H. 34: 3-31.

KRAUTER, E., STEINGÖTTER, K. & F. HÄFNER (1983): Vergleich des Festigkeitsverhaltens von permischen und tertiären Peliten. - Berichte der 4. Nationalen Tagung für Ingenieurgeologie, Goslar: 53-61.

KROMER, B. & B. BECKER (1993): German oak and pine ^{14}C calibration, 7200-9439 BC. - Radiocarbon 35: 125-135.
LAATSCH, W. & W. GROTTENTHALER (1972): Typen der Massenverlagerung in den Alpen und ihre Klassifikation. - Forstwissenschaftliches Zentralblatt 91: S. 309-339.
LAMBE, T.W., & R.V. WHITMAN (1969): Soil Mechanics. New York.
LANE, K.S. (1967): Stability of reservoir slopes. - Fairhurst, C. (Hrsg): Failure and Breakage of Rock. - Proceedings, of the 8th Symposium on Rock Mechanics, American Institute of Mining, Metallurgy and Petroleum Engineering, New York: 321-336.
LAUBER, H.L. (1941): Untersuchungen über die Rutschungen im Tertiär des Mainzer Beckens, speziell die vom Jakobsberg bei Ockenheim (Bingen). - Geologie und Bauwesen 13: 27-59.
LEE, K.L., & J.M. DUNCAN (1975): Landslide of April 25, 1974 on the Mantaro River, Peru. - National Academy of Sciences, Washington, D.C.
LUDEKE, A.K., MAGGIO, R.C. & L.M. REID (1990): An Anyalsis of Anthropogenic Deforestation using logistic regression and GIS. - Journal of Environmental Management 31: 247-259.
LUMB, P. (1975): Slope failures in Hong Kong. - Quaterly Journal of Engineering Geology 8: 31-65.
LUMB, P. (1966): The variability of natural slopes. - Canadian Geotechnical Journal III/2: 74-97.
MABIS (1995): Zwischenbericht der Heidelberger Arbeitsgruppe zum DFG-Projekt Massenbewegungen in Süddeutschland (Antragsteller: Barsch, D. & R. Dikau). Unveröffentlicht.
MANDELBRODT, B. (1987): Die fraktale Geometrie der Natur. Basel.
MARTIN, M. & J. WESTERVERLT (1991): GRASS 4.0 Inference Engine: r.infer. Unveröffentl. Handbuch.
MATTHES, F.E. (1930): Geologic history of the Yosemite Valley. - U.S. Geological Survey Professional Paper 160.
MATTHES, F.E. (1939): Report of Committee on Glaciers. - American Geophysical Union Transactions 20: 518-523.
MATTHESIUS, H.-J. (1994): Entwicklung eines Geotechnischen Informationssysems zur Kontrolle von Hangrutschungen. Dissertation, Universität Mainz.
MÄUSBACHER, R. (1985): Die Verwendbarkeit der geomorphologischen Karte 1:25000 (GMK 25). - Berliner Geographische Abhandlungen 40.
MCCALPIN, J. (1984): Preliminary age classification of landslides for inventory mapping. - 21st Annual Symposium on Engineering Geology and Soils Engineering, April 5-6, 1984, Pocatello, Idaho, 13 S.
MENEROUD, J.-P. & A. CALVINO (1976): Carte ZERMOS. Zones exposées à des risques liés aux mouvements du sol et du sous-sol à 1:25000, région de la Moyenne Vesubie (Alpes-Maritimes). BRGM. Orleans.

MEYERHOF, G.G. (1969): Safety factors in soil mechnics. - Proceedings 7th International Symposium on Soil Mechanics and Foundation Engineering, Mexico: 479-481.
MILLER, S.M. (1988): A temporal model for landslide risk based on historic precipitation. - Mathematical Geology 2: 529-542.
MILLER, S.M. & L.E. BORGMAN (1984): Probabilistic characterization of shear strength using results of direct shear test. - Géotechnique 34: 273-276.
MORISAWA, M. (Hrsg.) (1994): Geomorphology and Natural Hazards, Proceedings of the 25th Binghampton Symposium in Geomorphology. - Geomorphology 10.
MULDER, F. (1991): Assessment of landslide hazard. - Nederlandse geografische studies 124. Amsterdam/Utrecht.
MULDER, F. & T. VAN ASCH (1988): A stochastical approach to landslide hazard determination in a forested area. - Landslides, Proceedings of the fifth International Symposium on Landslides, Lausanne: 1207-1210.
NEULAND, H. (1976): A prediction model of landslips. - Catena 3: 215-230.
NEULAND, H. (1980): Diskriminanzanalytische Untersuchungen zur Identifikation der Auslösefaktoren für Rutschungen in verschiedenen Höhenstufen der kolumbianischen Anden. - Catena 7: 205-221.
NEWLAND, D.H. (1909): A peculiar landslip in the Hudson River clays. - New York State Museum Bulletin 133: 156-158.
NEWLAND, D.H. (1916): Landslides in unconsolidated sediment, with a description of some occurrences in the Hudson Valley. - New York State Museum Bulletin, 187: 79-105.
NEWMARK, N.M. (1965): Effects of earthquakes on dams and embankments. - Geotéchnique: 12: 139-160.
OHLMACHER, G.C., & C.A. BASKERVILLE (1991): Landslides on fluidlike zones in the deposits of glacial Lake Hitchcock, Windsor County, Vermont. - Association of Engineering Geologists Bulletin 28: 31-44.
OKIMURA, T. & R. ICHIKAWA (1985): A prediction method for surface failures by movements of infiltrated water in a surface soil layer. - Journal of Natural Disaster Science 7: 41-51.
OSTERKAMP, W.R. & C.R. HUPP (1987): Dating and interpretation of debris flows by geologic and botanical methods at Whitney Creek Gorge, Mount Shasta, California. - Reviews in Engeneering Geology 7: 157-163.
PFEIFFER, T. J., HIGGENS, J.D. ANDREW, R.D, BARRET, R.K. & R.B. BECK (1993): Colorado Rockfall Simulation Program. Users Manual for Version 3.0. - Colorado Department of Transportation Report No. CDOT-DTD-ED#-CS-B.
PIKE, R.J. (1988): The geometric signature: quantifying landslide-terrain types from digital elevation models. - Mathematical Geology 20: 491-511.
PIKE, R.J., ACEVEDO, W. & D.H. CARD (1989): Topographic grain automated from digital elevation models. - AUTO-CARTO 9: 128-137.

PLATE, E. (1993, Hrsg.): Naturkatastrophen und Katastrophenvorbeugung. Bericht des Wissenschaftichen Beirats der DFG für das Deutsche Kommitee für die "International Decade for Natural Disaster Reduction", IDNDR. Weinheim.

PREUß, J. (1983): Pleistozäne und postpleistozäne Geomorphodynamik an der nordwestlichen Randstufe des Rheinhessischen Tafellandes. - Marburger Geogr. Schriften 93.

PRINZ, H. (1991): Abriß der Ingenieurgeologie, 2. Auflage. Stuttgart.

PÜSCHEL, U. (1991): Computergestützte Untersuchuchungen zur Rutschungsempfindlichkeit an der nordwestlichen Randstufe des Rheinhessischen Tafel- und Hügellandes. - Diplomarbeit, Geographisches Institut Universität Heidelberg (unveröffentlicht).

RAPP, A. (1960): Recent development of mountain slopes in Kärgevagge and surroundings, northern Scandinavia. - Geografiska Annaler 42: 65-200.

RIB, H.T. & T. LIANG (1978): Recognition and Identification. - Schuster, R.L. & Krizek, R.J. (Hrsg.): Landslides-Analysis and Control. Transportation Research Board Special Report 176, Washington, D.C.

RICHTER, D. (1989) : Ingenieurgeologie. Berlin.

ROBAK, T.J., & R.H. FICKIES (1983): Landslide susceptibility within the lake clays of the Hudson Valley, New York. - New York State Geological Survey Open-File Report 504.024 (2 sheets).

ROTHAUSEN, K. & V. SONNE (1984): Mainzer Becken. - Sammlung Geologischer Führer, Bd. 79. Berlin.

ROSENTHAL, R., WICHTER, L. & E. KRAUTER (1988): Hangsicherung und Rutschungssanierung im Tertiärton Rheinhessens - eine Fallstudie. - Straße und Autobahn 3: 102-106

SANGREY, D.A., HARROP-WILLIAMS, K.O. & J. A. KLAIBER (1984): Predicting ground-water response to precipitation. - Journal of geotechnical engineering 110: 957-975.

SAS INSTITUTE INC. (1989): SAS/STAT® User's Guide, Version 6, Fourth Edition, Volume 1, Cary, NC.

SCHUSTER, R.L. (1979): Reservoir-induced landslides. - Bulletin of the International Association of Engineering Geology 20: 8-15.

SELBY, M.J. (1993): Hillslope materials and processes. 2. Auflage. Oxford.

SEMMEL, A. (1986): Landschaftsgeschichte - ein aktuelles Thema der Umweltsicherung im Rhein-Main-Gebiet. - Festschrift zur 150-Jahrfeier der Frankfurter Geographischen Gesellschaft. Frankfurter Geographische Hefte 55: 107-119.

SIDDLE, H.J,, JONES, D.B. & H.R. PAYNE (1991): Development of a methodology for landslip potential mapping in the Rhondda Valley. - Chandler, R.J. (Hrsg.): Slope stability engeneering. Development and applications: 137-142. London.

SHAFFER, J.P. (1994): The geomorphic evolution of Yosemite Valley, Sierra Nevada, California: a reinterpretation and its implications for the development of landscapes in the Sierra Nevada and western Nevada. - Dissertation in Vorbereitung, Dept. of Geogr., University of California, Berkeley.
SHU-QUIANG, W., & D.J. UNWIN (1992): Modelling landslide distribution on loess soils in China: an investigation. - International Journal of Geographic Information Systems 6: 391-405.
SKEMPTON, A.W., (1964): Long term stability of clay slopes. - Geotechnique 14: 77-102.
SKEPMTON, A.W. & J. HUTCHINSON (1969): Stability of natural slopes and embankment foundations. - Proceedings 7th International Conference on Soils Mechanics and Foundation Engineering, Mexico: 291-340.
STÄBLEIN, G. (1980): Die Konzeption der Geomorphologischen Karten GMK25 und GMK100 im DFG-Schwerpunktprogramm. - Berliner Geographische Abhandlung 31: 13-30.
STEINGÖTTER, K. (1984): Hangstabilitäten im linksrheinischen Mainzer Becken. Ingenieurgeologische Untersuchungen und kartenmäßige Darstellung. Diss., Universität Mainz.
STEUER, A. (1910): Über Rutschungen im Cyrenenmergel bei Mölsheim und anderen Orten in Rheinhessen. - Notizblatt des Vereins für Erdkunde und des Geologischen Landesamtes zu Darmstadt IV, 31: 106-114.
STEUER, A. (1934): Gutachten über die Rutschung bei Zell. - unveröffentlichtes Gutachten des Geologischen Landesamtes Rheinland-Pfalz, Mainz.
STEVENSON, P.C. (1977): An Empirical Methd for the Evaluation of Relative Landslide Risk. - International Association of Engeneeering Geology Bulletin 16: 69-72.
STRUNK, H. (1991): Frequency distribution of debris flows in the Alps since the 'Little Ice Age'. - Zeitschrift für Geomorphologie, Neue Folge, Supplement-Band 83: 71-81.
STRUNK, H. (1992): Reconstructing debris flow frequency in the southern Alps back to A.D. 1500 using dendrogeomorphological analysis. - Erosion, Debris Flows and Environment in Mountain Regions. IAHS Publication No. 209: 299-306.
STYLES, K.A. & A. HANSEN (1989): Geotechnical Area Studies Programme: Territory of Hong Kong, Geotechnical Control Office, Hongkong GASP Paper XII. 3508.
SUMNER, G. (1988): Precipitation: process and analysis. Chichester.
TAVENAS, F. (1984): Landslides in Canadian sensitive clays-a state-of-the-art-report. - Fourth International Symposium on Landslides, Toronto, V. 1: 141-153.
TERZAGHI, K. (1950): Mechanisms of landslides. - Geological Society of America, engineering geology volume: 83-123.
THORNTHWAITE, C.W. (1948): An approach toward rational classification of climate. - Geographical Review 38: 55-94.

TURNER, A.K. & R.L. SCHUSTER (Hrsg.) (1996): Landslides: investigation and mitigation. Transportation Research Board, Special Report 247. Washington, D.C.

UHLIG, H. (1964): Die naturrämlichen Einheiten auf Blatt 150 Mainz. - Geographische Landesaufnahme 1:200000, Naturäumliche Gliederung Deutschlands. Bad Godesberg

UNDRO (1991): Mitigatin Natural Disasters. Phenomena, Effects and Options. United Nations Disaster Relief Co-Ordinator, UN, New York.

US DEPT. OF AGRICULTURE (1977): Soil Survey of Onondaga County, New York. - Soil Conservation Service.

US GEOLOGICAL SURVEY (1990): Digital Elevation Models - Data Users Guide 5. Reston, Virginia.

VANMARCKE, E.H. (1977): Probabilistic modeling of soil profiles. - Journal of the Geotechnical Engineering Division, American Society of Civil Engineers, 103/GT11: 1227-1246.

VAN WESTEN, C.J. & H.M.G. KRUSE (1992): The influence of geology and geomorphology on landslide hazards in an area in the Culumbian Andes: The GIS approach. - Proc. of the Intern. Space Year Conferenence, Munich 1992, ISY 2: 293-298.

VARNES, D.J. (1958): Landslides types and processes. - Eckel, E.B. (Hrsg.): Landslides and Engineering Practice. Highway Res. Board Special Report 29: 20-47. Washington, D.C.

VARNES, D.J. (1978): Slope movement types and processes. - Schuster. R.L., and R.J. Krizek (Hrsg.): Landslides Analysis and Control. - Transportation Research Board, Special Report 176, National Academy of Science: 12-33. Washington, D.C.

VARNES, D.J. & THE INTERN. ASS. OF ENG. GEOLOGY (1984): Landslide hazard zonation: a review of principles and practice. Unesco, Paris.

VINKEN, R. (1988): Construcion and Display of Geoscientific Maps derived from Databases. Geologisches Jahrbuch, A 104. Hannover.

VON ENGELN, O.D. (1928): Interglacial deposits in central New York. - Geological Society of America Bulletin 40: 459-480.

VON ENGELN, O.D. (1961): The Finger Lakes Region. Cornell.

WAGNER, G.A. (1995): Altersbestimmungen von jungen Gesteinen und Artefakten. Physikalische und chemische Uhren in der Quartärgeologie und Archäologie. Stuttgart.

WAGNER, W. (1935): Erläuterungen zur Geologischen Karte von Hessen 1:25000. Blatt Wörrstadt. Darmstadt.

WAGNER, W. (1941): Bodenversetzungen und Bergrutsche im Mainzer Becken. - Geologie und Bauwesen 13: 17-23.

WEISS, E.E.J. (1988): Treering patterns and the frequency and intensity of mass movements. - Landslides, Proceedings of the fifth International Symposium on Landslides, Lausanne: 481-483.

WHALLEY, W.B. (1984): Rockfalls. - Brunsden, D. & D.B. Prior (Hrsg.): Slope Instability: 217-256. Chichester.

WENTWORTH, C.M., ELLEN, S., VIRGIL A.F.JR. & J. SCHLOCKER (1985): Map of Hillside materials and description of their engineering character properties, San Mateo County, California. - US Geological Survey, Miscellaneous Investigation Series, Map I-1257D
WESTERVELT, J. (1991): Introduction to GRASS. Unveröffentlichtes Handbuch.
WIECZOREK, G.F. (1984): Preparing a detailed landslide-inventory map for hazard evaluation and reduction. - Association of Engineering Geologists Bulletin 21: 337-342.
WIECZOREK, G.F. & S. JÄGER (1996): Triggering mechanisms and depositional rates of postglacial slope movement processe in Yosemite Valley, California. - Geomorphology (im Druck).
WIECZOREK, G.F., C.S. ALGER & J.B. SNYDER (1989): Rockfalls in Yosemie Valley, California. - Brown, W.M. III (Hrsg.): Landslides in central California. 28th Intern. Geological Congress Field Trip Guide Book T381: 56-62.
WIECZOREK, G.F., SNYDER, J.B., ALGER, C.S. & K.A. ISAACSON (1992): Rock falls in Yosemite Valley, California. - US Geological Survey Open-File Report 92-387.
WIECZOREK, G.F., NISHENKO, S.P. & D.J. VARNES (1995): Analysis of rock falls in the Yosemite Valley, California. - Proceedings of the 35th Symposium on Rock Mechanics (4.-7. Juni 1995), im Druck.
WIECZOREK, G.F., GORI, P.L., JÄGER, S., KAPPEL, W.M. & D. NEGUSSY (1995): Assessment and management of landslide hazards near the Tully Valley landslide, Syracuse, New York, USA. - Paper to be presented at the seventh Intern. Symposium on Landslides in Trondheim (in Vorb.).
WIGGINTON, W.B. & D. HICKMOTT (1991): The Sargent Landslide and the longterm groundwater fluctuations in California hillsides. - Chandler, R.J. (Hrsg.): Slope stability engineeering: 61-66. London.
WILKS, D.S. (1992): Adapting stochastic weather generation algorithms for climatic change studies. - Climatic Change 22: 67-84.
WILSON, R.C. & D.K. KEEFER (1985): Predicting areal limits of earthquake-induced landsliding. - Ziony, J.I. (Hrsg): Evaluating earthquake hazards in the Los Angeles region. US Geological Survey Professional Paper 1360: 317-345.
WOLD, R.L.JR. C.L. JOCHIM (1989): Landslide Loss Reduction: A Guide for State and Local Planners. - Federal Emergency Management Agency, Earthquake Hazards Reduction Series 52.

8. SUMMARY

During the last years both the scientific and the public awareness of natural hazards, including earthquakes, floods, hurricanes, volcanic eruptions and landslides, has increased tremendously. This publication presents three case studies for the evaluation of mass movements as a geomorphic hazard. As regards the methodology of these studies, geostatsitical and time series analyses are the main tools utilized. One of the study areas is located in *Rheinhessen*, which is part of the Tertiary Basin of Mainz, built up of alternating marl, clay and sand layers. The other two study areas are located in the US, one being the Tully Valley in the eastern part of the Finger Lakes region in central New York, charcaterized by pleistocene and holocene deposits, and the other one the Yosemite Valley in the Sierra Nevada, California.

In the Rheinhessen case study a geographic information system is used to develop a regional scale (approx. 1.000 km^2) landslide hazard map based on logistic regression analysis. The model applies the factors slope inclination, lithological appearance and relative slope position. Two digital elevation models of different resolution (20 m and 40 m) were used and tested to derive morphological parameters. Another point of study in the Rheinhessen area is the relationship between the climatic history and historical mass movements. Based on the derivation of a climatic index it can be shown that the probability of slope failures increases if a certain threshold value is exceeded. According to the statistics this value is exceeded every five to six years. A catastrophic event comparable to that of 1981/82 is likely to appear every 50 years on average.

The goal of the *Tully Valley* case study was the development of a landslide hazard map for a 415 km^2 area. The study was initiated after a catastrophic slope failure that occurred in April 1992 and destroyed several houses. Again a logistic regression analysis was used. The potential depositional areas of late pleistocene proglacial lake clays and slope gradien were used as factors. The derive map is currently being used by local planning authorities.

Slightly different problems are studied in the Yosemite Valley case study. With the help of GIS techniques and the analyses of digital elevation models the volumes of post pleistocene rockfall and debris flow deposits are calculated. Based upon these volumes an annual rate of talus production is estimated and compared with the historic data since 1850. A map of talus thickness is presented. The calculated rate of pleistocene talus production is twice as high as the historic one of the last 150 years. A definite interpretation of this fact in terms of climatic change is complicated by the high seismic activity in the area. Whereas climatically triggered mass movements account by far for the most events, the highest volumes are produced by earthquake triggered events.

In the authors opinion research emphasis should be directed towards two problems. One of them is the detailed study of time series of historic mass movements. Modern dating techniques as well as archive studies provide the appropriate tools. Secondly, efforts should be made to improve regional landslide hazard models by increasing the number of measurements since regional landslide hazard assessment is very much hampered by insufficient geotechnical data input.

Anhang A: Erfassungsbogen des Geologischen Landesamtes zur Aufnahme der Rutschungsereignisse der Jahreswende 1981/82 (GEOLOGISCHES LANDESAMT 1993).

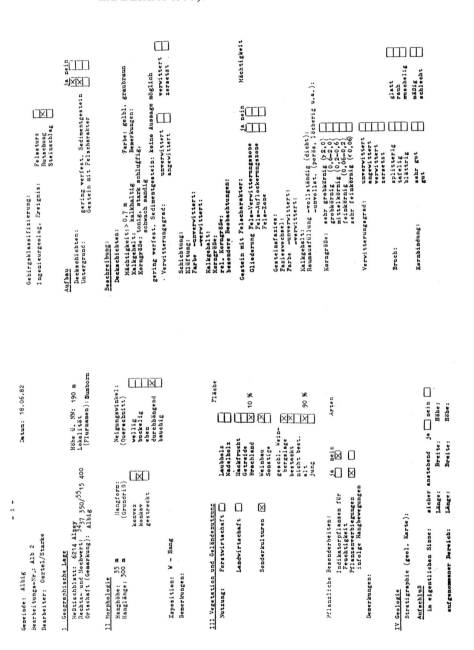

- 3 -

Veränderlichkeit
gegenüber Wasser: stark veränderlich ☐
                    veränderlich ☐
                    mäßig veränderlich ☐
                    nicht veränderlich ☐

Bemerkungen:

Trennflächen:
Art: ss ☐   sf ☐   st ☐   k₁ ☐   k₂ ☐   k₃ ☐   k₄ ☐

Trennflächenausbildung: offen
                         geschlossen
                         verheilt

Trennflächenfüllung: Art:
                      Mächtigkeit:

Wasserführung: ja ☐   nein ☐

Wandungsflächen: glatt
                  sehr eben   eben u. rauh
                  eben   uneben u. rauh
                  uneben   wellig
                  sehr uneben   mit Harnischen

Ausbißlänge: A ☐   B ☐   C ☐   D ☐

Häufigkeit:
Klüftigkeitsziffer kcm/l:

Abstand: d_min: d_m: d_max:

Grundkörperverband: Steinbaukastenverband ☐
                     Mauerwerksverband ☐
                     verschränkter Verband ☐
                     zusammenhängender V. ☐

Grundkörperform: -anstehend:
                 -Schuttform:

Bemerkungen:

V Ingenieurgeologie

Trennflächen: mechan. wirksam Schichtung   ss: k₂:
                                Schieferung sf: k₃:
                                Störungen   k₁: k₄:
                                Klüfte

Bemerkungen:

Durchtrennungsgrad: ss: k₂:
                     sf: k₃:
                                k₁: k₄:

- 4 -

Stellung der Trenn-   ss: st: k₂: k₄:
flächen zur Böschung: sf: k₁: k₃:

Wasseraustritte: Anzahl: 1   Größe wenige m²
    Naßstellen   ja ☒ nein ☐   Schüttung:
    Quellen   Anzahl: ausgebaut ja ☐
    Drainagen   gefaßt   ja ☐ nein ☐
    Gräben
    Wasserrinnen
    Sonstiges

Landschaftsbauliche Maßnahmen:
    Abtragung
    Anschüttung
    keine erkennbaren
    Maßnahmen

Flurbereinigung: ja ☐   wenn
Vegebereinigung:
Vorhandene Sicherungs- und Sanierungsmaßnahmen:
    Art:
    Alter:
    Wirksamkeit:
    Bemerkungen:

VI Rutschung

Klassifikation: Kern-/Rand-   Kern-/Rand-
                               Gebiet   Gebiet
Größe: Länge: 45 m   Wulsthöhe: 1,2 m
        Breite: 25 m   Abrißhöhe: 0,7 m
        max.Tiefgang 2,5-3,5m
        (geschätzt):

Lage im Hang: Mittelhang   Richtung (bez. Hanggefälle): ± parall
Altes Rutschgebiet: ja ☒ nein ☐   Begründung: Hangstabilitätskarte
Rutschungsanzeichen: Abriß, Wulst, verstellte Zeilen
Rutschung vermutl. abgeschlossen: ja ☐ nein ☐
Bauten betroffen (Ausmaß, bei Wegen Länge):

Sanierungs-   provisorisch
möglichkeit: endgültig
                 keine

Dringlichkeit: relativ gering
Vorfluter: vorhanden ja ☒ nein ☐   Entfernung (geschätzt): ca. 250
Sanierungsvorschlag:
Wirtschaftswege: Wirtschaftswege Weinbergsflächen ☒
                 ☐ ☐   ☐ ☐
                                                     Weinbergsflächen:
                                                        Planieren
                                                        Tiefendrainage

Anhang B: Kontingenztabelle für kategoriale Datenanalyse Rheinhessen

OBS	NEI	GEOL	POS	WTV	WTH	RUTSCH	COUNT
1	1	1	1	1	1	0	32
2	1	1	1	1	2	0	32
3	1	1	1	1	3	0	43
4	1	1	1	2	1	0	69
5	1	1	1	2	1	1	1
6	1	1	1	2	2	0	1318
7	1	1	1	2	2	1	1
8	1	1	1	2	3	0	1253
9	1	1	1	3	1	0	3792
10	1	1	1	3	2	0	15473
11	1	1	1	3	3	0	16179
12	1	1	2	1	1	0	31
13	1	1	2	1	2	0	21
14	1	1	2	1	3	0	108
15	1	1	2	2	1	0	29
16	1	1	2	2	2	0	140
17	1	1	2	2	3	0	241
18	1	1	2	3	1	0	1911
19	1	1	2	3	2	0	3193
20	1	1	2	3	3	0	13508
21	1	1	3	1	1	0	107
22	1	1	3	1	2	0	44
23	1	1	3	1	3	0	315
24	1	1	3	2	1	0	15
25	1	1	3	2	2	0	54
26	1	1	3	2	3	0	88
27	1	1	3	3	1	0	2270
28	1	1	3	3	2	0	2296
29	1	1	3	3	3	0	13527
30	1	1	4	1	1	0	1316
31	1	1	4	1	2	0	188
32	1	1	4	1	3	0	1576
33	1	1	4	2	1	0	94
34	1	1	4	2	2	0	155
35	1	1	4	2	3	0	264
36	1	1	4	3	1	0	17792
37	1	1	4	3	2	0	5232
38	1	1	4	3	3	0	28720
39	1	2	1	1	1	0	6
40	1	2	1	1	2	0	14
41	1	2	1	1	3	0	16
42	1	2	1	2	2	0	71
43	1	2	1	2	3	0	38
44	1	2	1	3	1	0	59
45	1	2	1	3	2	0	785
46	1	2	1	3	3	0	585
47	1	2	2	1	1	0	22
48	1	2	2	1	2	0	7
49	1	2	2	1	3	0	45
50	1	2	2	2	1	0	2
51	1	2	2	2	2	0	16
52	1	2	2	2	3	0	17
53	1	2	2	3	1	0	149
54	1	2	2	3	2	0	257
55	1	2	2	3	3	0	1160
56	1	2	3	1	1	0	54
57	1	2	3	1	2	0	6
58	1	2	3	1	3	0	198
59	1	2	3	2	1	0	2
60	1	2	3	2	2	0	8
61	1	2	3	2	3	0	13
62	1	2	3	3	1	0	242
63	1	2	3	3	2	0	223
64	1	2	3	3	3	0	1740
65	1	2	4	1	1	0	309
66	1	2	4	1	2	0	22
67	1	2	4	1	3	0	411
68	1	2	4	2	1	0	7
69	1	2	4	2	2	0	19
70	1	2	4	2	3	0	28
71	1	2	4	3	1	0	1416
72	1	2	4	3	2	0	302
73	1	2	4	3	3	0	2801
74	1	3	1	1	1	0	42
75	1	3	1	1	1	1	1

76	1	3	1	1	2	0	27
77	1	3	1	1	3	0	62
78	1	3	1	1	3	1	3
79	1	3	1	2	1	0	19
80	1	3	1	2	2	0	716
81	1	3	1	2	2	1	3
82	1	3	1	2	3	0	1112
83	1	3	1	2	3	1	8
84	1	3	1	3	1	0	1119
85	1	3	1	3	2	0	8050
86	1	3	1	3	2	1	5
87	1	3	1	3	3	0	11170
88	1	3	1	3	3	1	12
89	1	3	2	1	1	0	72
90	1	3	2	1	1	1	1
91	1	3	2	1	2	0	19
92	1	3	2	1	2	1	1
93	1	3	2	1	3	0	153
94	1	3	2	1	3	1	2
95	1	3	2	2	1	0	28
96	1	3	2	2	2	0	139
97	1	3	2	2	3	0	488
98	1	3	2	2	3	1	5
99	1	3	2	3	1	0	1237
100	1	3	2	3	1	1	3
101	1	3	2	3	2	0	2016
102	1	3	2	3	2	1	4
103	1	3	2	3	3	0	12253
104	1	3	2	3	3	1	28
105	1	3	3	1	1	0	76
106	1	3	3	1	1	1	1
107	1	3	3	1	2	0	17
108	1	3	3	1	3	0	240
109	1	3	3	2	1	0	8
110	1	3	3	2	2	0	51
111	1	3	3	2	3	0	165
112	1	3	3	2	3	1	1
113	1	3	3	3	1	0	1433
114	1	3	3	3	2	0	993
115	1	3	3	3	3	0	9211
116	1	3	3	3	3	1	8
117	1	3	4	1	1	0	1226
118	1	3	4	1	1	1	1
119	1	3	4	1	2	0	80
120	1	3	4	1	3	0	1265
121	1	3	4	2	1	0	69
122	1	3	4	2	2	0	86
123	1	3	4	2	3	0	322
124	1	3	4	2	3	1	1
125	1	3	4	3	1	0	8409
126	1	3	4	3	1	1	1
127	1	3	4	3	2	0	1288
128	1	3	4	3	3	0	13735
129	1	3	4	3	3	1	9
130	2	1	1	1	1	0	1
131	2	1	1	1	2	0	4
132	2	1	1	1	3	0	5
133	2	1	1	2	1	0	9
134	2	1	1	2	2	0	46
135	2	1	1	2	3	0	167
136	2	1	1	2	3	1	2
137	2	1	1	3	1	0	6
138	2	1	1	3	2	0	28
139	2	1	1	3	2	1	1
140	2	1	1	3	3	0	111
141	2	1	1	3	3	1	1
142	2	1	2	1	1	0	4
143	2	1	2	1	2	0	7
144	2	1	2	1	3	0	54
145	2	1	2	2	1	0	24
146	2	1	2	2	2	0	37
147	2	1	2	2	3	0	257
148	2	1	2	2	3	1	1
149	2	1	2	3	1	0	19
150	2	1	2	3	2	0	46
151	2	1	2	3	3	0	394
152	2	1	2	3	3	1	3
153	2	1	3	1	1	0	59
154	2	1	3	1	2	0	41
155	2	1	3	1	3	0	326

156	2	1	3	2	1	0	4
157	2	1	3	2	2	0	16
158	2	1	3	2	3	0	80
159	2	1	3	3	1	0	25
160	2	1	3	3	2	0	40
161	2	1	3	3	3	0	351
162	2	1	3	3	3	1	1
163	2	1	4	1	1	0	129
164	2	1	4	1	2	0	29
165	2	1	4	1	3	0	581
166	2	1	4	1	3	1	1
167	2	1	4	2	1	0	19
168	2	1	4	2	2	0	16
169	2	1	4	2	3	0	103
170	2	1	4	3	1	0	40
171	2	1	4	3	1	1	1
172	2	1	4	3	2	0	19
173	2	1	4	3	3	0	182
174	2	2	1	1	1	0	1
175	2	2	1	1	2	0	11
176	2	2	1	1	3	0	8
177	2	2	1	2	2	0	57
178	2	2	1	2	3	0	107
179	2	2	1	3	2	0	197
180	2	2	1	3	2	1	1
181	2	2	1	3	3	0	247
182	2	2	1	3	3	1	10
183	2	2	2	1	1	0	7
184	2	2	2	1	2	0	6
185	2	2	2	1	3	0	67
186	2	2	2	1	3	1	1
187	2	2	2	2	1	0	1
188	2	2	2	2	2	0	33
189	2	2	2	2	2	1	1
190	2	2	2	2	3	0	283
191	2	2	2	2	3	1	2
192	2	2	2	3	1	0	29
193	2	2	2	3	2	0	99
194	2	2	2	3	2	1	1
195	2	2	2	3	3	0	952
196	2	2	2	3	3	1	58
197	2	2	3	1	1	0	55
198	2	2	3	1	2	0	32
199	2	2	3	1	3	0	359
200	2	2	3	2	1	0	12
201	2	2	3	2	1	1	1
202	2	2	3	2	2	0	40
203	2	2	3	2	2	1	1
204	2	2	3	2	3	0	293
205	2	2	3	2	3	1	5
206	2	2	3	3	1	0	102
207	2	2	3	3	2	0	104
208	2	2	3	3	2	1	2
209	2	2	3	3	3	0	1105
210	2	2	3	3	3	1	4
211	2	2	4	1	1	0	186
212	2	2	4	1	2	0	10
213	2	2	4	1	3	0	510
214	2	2	4	2	1	0	20
215	2	2	4	2	2	0	12
216	2	2	4	2	3	0	137
217	2	2	4	2	3	1	1
218	2	2	4	3	1	0	242
219	2	2	4	3	2	0	16
220	2	2	4	3	3	0	621
221	2	2	4	3	3	1	7
222	2	3	1	1	1	0	9
223	2	3	1	1	2	0	6
224	2	3	1	1	3	0	48
225	2	3	1	1	3	1	4
226	2	3	1	2	1	0	5
227	2	3	1	2	2	0	85
228	2	3	1	2	2	1	1
229	2	3	1	2	3	0	337
230	2	3	1	2	3	1	14
231	2	3	1	3	1	0	53
232	2	3	1	3	1	1	1
233	2	3	1	3	2	0	369
234	2	3	1	3	2	1	4
235	2	3	1	3	3	0	1541

236	2	3	1	3	3	1	57
237	2	3	2	1	1	0	44
238	2	3	2	1	1	1	3
239	2	3	2	1	2	0	13
240	2	3	2	1	2	1	1
241	2	3	2	1	3	0	238
242	2	3	2	1	3	1	22
243	2	3	2	2	1	0	35
244	2	3	2	2	1	1	1
245	2	3	2	2	2	0	123
246	2	3	2	2	2	1	4
247	2	3	2	2	3	0	816
248	2	3	2	2	3	1	55
249	2	3	2	3	1	0	341
250	2	3	2	3	1	1	9
251	2	3	2	3	2	0	474
252	2	3	2	3	2	1	29
253	2	3	2	3	3	0	4449
254	2	3	2	3	3	1	319
255	2	3	3	1	1	0	89
256	2	3	3	1	1	1	2
257	2	3	3	1	2	0	13
258	2	3	3	1	3	0	404
259	2	3	3	1	3	1	16
260	2	3	3	2	1	0	32
261	2	3	3	2	1	1	2
262	2	3	3	2	2	0	56
263	2	3	3	2	2	1	4
264	2	3	3	2	3	0	457
265	2	3	3	2	3	1	17
266	2	3	3	3	1	0	413
267	2	3	3	3	1	1	10
268	2	3	3	3	2	0	260
269	2	3	3	3	2	1	6
270	2	3	3	3	3	0	3544
271	2	3	3	3	3	1	131
272	2	3	4	1	1	0	315
273	2	3	4	1	1	1	2
274	2	3	4	1	2	0	8
275	2	3	4	1	3	0	584
276	2	3	4	1	3	1	4
277	2	3	4	2	1	0	34
278	2	3	4	2	2	0	14
279	2	3	4	2	2	1	1
280	2	3	4	2	3	0	267
281	2	3	4	2	3	1	8
282	2	3	4	3	1	0	694
283	2	3	4	3	1	1	4
284	2	3	4	3	2	0	54
285	2	3	4	3	3	0	2000
286	2	3	4	3	3	1	42
287	3	1	1	1	3	0	1
288	3	1	1	1	2	0	4
289	3	1	1	2	3	0	9
290	3	1	1	3	2	0	1
291	3	1	1	3	3	0	3
292	3	1	2	1	2	0	3
293	3	1	2	1	3	0	10
294	3	1	2	2	1	0	1
295	3	1	2	2	2	0	8
296	3	1	2	2	3	0	37
297	3	1	2	3	1	0	2
298	3	1	2	3	2	0	5
299	3	1	2	3	3	0	29
300	3	1	2	3	3	1	2
301	3	1	3	1	1	0	4
302	3	1	3	1	2	0	6
303	3	1	3	1	3	0	57
304	3	1	3	2	1	0	1
305	3	1	3	2	2	0	3
306	3	1	3	2	3	0	43
307	3	1	3	3	1	0	6
308	3	1	3	3	2	0	5
309	3	1	3	3	3	0	94
310	3	1	3	3	3	1	4
311	3	1	4	1	1	0	6
312	3	1	4	1	2	0	1
313	3	1	4	1	3	0	88
314	3	1	4	2	2	0	1
315	3	1	4	2	3	0	13

316	3	1	4	3	1	0	4
317	3	1	4	3	2	0	1
318	3	1	4	3	3	0	39
319	3	2	1	2	2	0	4
320	3	2	1	2	3	0	3
321	3	2	1	3	2	0	8
322	3	2	1	3	3	0	3
323	3	2	2	1	2	0	2
324	3	2	2	1	3	0	5
325	3	2	2	2	1	0	2
326	3	2	2	2	2	0	11
327	3	2	2	2	3	0	74
328	3	2	2	3	1	0	4
329	3	2	2	3	2	0	12
330	3	2	2	3	3	0	133
331	3	2	2	3	3	1	3
332	3	2	3	1	1	0	23
333	3	2	3	1	2	0	7
334	3	2	3	1	3	0	104
335	3	2	3	1	3	1	1
336	3	2	3	2	1	0	5
337	3	2	3	2	1	1	2
338	3	2	3	2	2	0	7
339	3	2	3	2	2	1	1
340	3	2	3	2	3	0	216
341	3	2	3	2	3	1	4
342	3	2	3	3	1	0	34
343	3	2	3	3	2	0	34
344	3	2	3	3	2	1	1
345	3	2	3	3	3	0	507
346	3	2	3	3	3	1	8
347	3	2	4	1	1	0	33
348	3	2	4	1	2	0	4
349	3	2	4	1	3	0	157
350	3	2	4	2	1	0	11
351	3	2	4	2	2	0	2
352	3	2	4	2	3	0	69
353	3	2	4	2	3	1	1
354	3	2	4	3	1	0	48
355	3	2	4	3	1	1	1
356	3	2	4	3	2	0	2
357	3	2	4	3	3	0	189
358	3	2	4	3	3	1	4
359	3	3	1	2	3	0	2
360	3	3	2	1	1	0	1
361	3	3	2	1	3	0	3
362	3	3	2	2	1	0	2
363	3	3	2	2	3	0	29
364	3	3	2	2	3	1	2
365	3	3	2	3	1	0	4
366	3	3	2	3	2	0	1
367	3	3	2	3	3	0	38
368	3	3	3	1	1	0	4
369	3	3	3	1	3	0	29
370	3	3	3	1	3	1	3
371	3	3	3	2	1	0	4
372	3	3	3	2	3	0	29
373	3	3	3	2	3	1	2
374	3	3	3	3	1	0	11
375	3	3	3	3	2	0	2
376	3	3	3	3	3	0	79
377	3	3	3	3	3	1	4
378	3	3	4	1	1	0	8
379	3	3	4	1	3	0	19
380	3	3	4	1	3	1	1
381	3	3	4	2	1	0	3
382	3	3	4	2	3	0	16
383	3	3	4	3	1	0	3
384	3	3	4	3	3	0	31
385	3	3	4	3	3	1	2

Anhang C: Listing des r.infer-Eingabe-files für die Gefahrenkarte Rheinhessen

```
!Modell Neigung Position und Geologie (Nr. 6)
! alle > 7 grad haenge
!
IFMAP neigung.40cl    1
THENMAPHYP            1
!17
IFMAP neigung.40cl    2
ANDIFMAP hangpos.40 1
ANDIFMAP geologie.stufe2 1
THENMAPHYP            1
!29
IFMAP neigung.40cl    2
ANDIFMAP hangpos.40 4
ANDIFMAP geologie.stufe2 1
THENMAPHYP            1
!19
IFMAP neigung.40cl    2
ANDIFMAP hangpos.40 1
ANDIFMAP geologie.stufe2 3
THENMAPHYP            2
!18
IFMAP neigung.40cl    2
ANDIFMAP hangpos.40 1
ANDIFMAP geologie.stufe2 2
THENMAPHYP            2
!25
IFMAP neigung.40cl    2
ANDIFMAP hangpos.40 3
ANDIFMAP geologie.stufe2 1
THENMAPHYP            2
!31
IFMAP neigung.40cl    2
ANDIFMAP hangpos.40 4
ANDIFMAP geologie.stufe2 3
THENMAPHYP            2
!21
IFMAP neigung.40cl    2
ANDIFMAP hangpos.40 2
ANDIFMAP geologie.stufe2 1
THENMAPHYP            2
!30
IFMAP neigung.40cl    2
ANDIFMAP hangpos.40 4
ANDIFMAP geologie.stufe2 2
THENMAPHYP            2
!36
IFMAP neigung.40cl    3
ANDIFMAP hangpos.40 4
ANDIFMAP geologie.stufe2 2
THENMAPHYP            2
!27

IFMAP neigung.40cl    2
ANDIFMAP hangpos.40 3
ANDIFMAP geologie.stufe2 3
THENMAPHYP            3
!26
IFMAP neigung.40cl    2
ANDIFMAP hangpos.40 3
ANDIFMAP geologie.stufe2 2
THENMAPHYP            3
!23
IFMAP neigung.40cl    2
ANDIFMAP hangpos.40 2
ANDIFMAP geologie.stufe2 3
THENMAPHYP            3
!22
IFMAP neigung.40cl    2
ANDIFMAP hangpos.40 2
ANDIFMAP geologie.stufe2 2
THENMAPHYP            3
!20
IFMAP neigung.40cl    2
ANDIFMAP hangpos.40 1
ANDIFMAP geologie.stufe2 4
THENMAPHYP            3
!34
IFMAP neigung.40cl    3
ANDIFMAP hangpos.40 3
ANDIFMAP geologie.stufe2 2
THENMAPHYP            3
!33
IFMAP neigung.40cl    3
ANDIFMAP hangpos.40 2
ANDIFMAP geologie.stufe2 3
THENMAPHYP            3
!32
IFMAP neigung.40cl    2
ANDIFMAP hangpos.40 4
ANDIFMAP geologie.stufe2 4
THENMAPHYP            3
!28
IFMAP neigung.40cl    2
ANDIFMAP hangpos.40 3
ANDIFMAP geologie.stufe2 4
THENMAPHYP            3
!24
IFMAP neigung.40cl    2
ANDIFMAP hangpos.40 2
ANDIFMAP geologie.stufe2 4
THENMAPHYP            3
!35
IFMAP neigung.40cl    3
ANDIFMAP hangpos.40 3
ANDIFMAP geologie.stufe2 4
THENMAPHYP            3
```

Anhang D: Kontingenztabelle für kategoriale Datenanalyse Tully Valley

Sample	SOILS	OCL	HGL	FLM	SLOPEFR	Size
1	0	0	0	0	0	276394
2	0	0	0	0	70	1417464
3	0	0	0	0	118	104689
4	0	0	0	0	154	560650
5	0	0	0	0	166	140881
6	0	1	0	0	0	9097
7	0	1	0	0	70	615711
8	0	1	0	0	118	42514
9	0	1	0	0	154	234612
10	0	1	0	0	166	59103
11	0	1	1	0	0	4118
12	0	1	1	0	70	95486
13	0	1	1	0	118	24392
14	0	1	1	0	154	79214
15	0	1	1	0	166	29034
16	0	1	1	1	0	2355
17	0	1	1	1	70	402583
18	0	1	1	1	118	31180
19	0	1	1	1	154	114310
20	0	1	1	1	166	41438
21	1	0	0	0	0	14
22	1	0	0	0	70	4672
23	1	0	0	0	118	18
24	1	0	0	0	154	16
25	1	1	0	0	0	45
26	1	1	0	0	70	24639
27	1	1	0	0	118	801
28	1	1	0	0	154	7054
29	1	1	0	0	166	2337
30	1	1	1	0	70	11566
31	1	1	1	0	118	30
32	1	1	1	0	154	2526
33	1	1	1	0	166	106
34	1	1	1	1	70	59793
35	1	1	1	1	118	149
36	1	1	1	1	154	5551
37	1	1	1	1	166	508

Anhang E: Unix shell script zur Berechnung geneigter Flächen als Höhenmodell für GRASS

```
# ---------------------------------------------------------------
# shell script for calculating tilted surfaces
# Author: S. Jaeger
# Date: 2/94
# must be run while running GRASS
# ---------------------------------------------------------------

# set nsres and ewres, north, south etc

eval `g.region -g`
eval `g.gisenv`

echo ""
echo "Please give the value for the dip (inclination) in degrees."
echo "The value must be between -90 and 90 from horizontal,"
echo "with positive values pointing down. Real numbers are valid."
echo "No value results in dip=0 and horizontal surface."
echo ""

# get directory for r.in.ascii
CELLDIR=$LOCATION/cell

gotit=0
while test $gotit -eq 0
do
        echo -n "dip: "
        read dip
        # check the integer value of dip
        echo $dip > /tmp/$$
        nawk '{ printf"dipint=%d",$1 }' /tmp/$$ > /tmp/$$dip
    eval `cat /tmp/$$dip`
        rm /tmp/$$*
        if test $dipint -gt -90 -a $dipint -lt 90
        then
                gotit=1
                echo $dip
        else
                echo Sorry, dip must be greater than -90 and less than 90.
                echo Please enter a valid value.
        fi
done
echo ""
echo "Please give the value for the azimut in degrees ccw from north."
echo "The value must be between 0 and 360. Real numbers are valid."
echo ""

gotit=0
while [ $gotit -eq 0 ]
do
        echo -n "azimuth: "
        read az
        if test $az -ge 0 -a $az -le 360
        then
                gotit=1
                echo $az
        else
                echo Sorry, azimuth must be greater than -1 and less than 360
        fi
done

echo  "Please enter easting, northing for one point on the plane."
echo  "Real numbers are valid."
gotit=0
while [ $gotit -eq 0 ]
do
        echo -n "easting: "
        read ea
        echo $ea > /tmp/$$
        nawk '{ printf"eaint=%d",$1 }' /tmp/$$ > /tmp/$$ea
        eval `cat /tmp/$$ea`
        rm /tmp/$$*
        if test $eaint -le $e -a $eaint -ge $w
        then
```

```
                        gotit=1
                        echo $ea
                else
                        echo "Sorry, point must be within current region"
                        echo "Current region:"
                echo "west:   "$w    " east:  "$e
                fi
done
gotit=0
while [ $gotit -eq 0 ]
do
                echo -n "northing: "
                read no
                echo $no > /tmp/$$
                nawk '{ printf"noint=%d",$1 }' /tmp/$$ > /tmp/$$no
                eval `cat /tmp/$$no`
                rm /tmp/$$*
                if test $noint -gt $s -a $noint -lt $n
                then
                        gotit=1
                        echo $no
                else
                        echo "Sorry, point must be within current region"
                        echo "Current region:"
                        echo "south: "$s    "north: "$n
                fi
done

gotit=0
while [ $gotit -eq 0 ]
do
                echo -n "elevation: "
                read el
                if test $el
                then
                        gotit=1
                        echo $el
                else
                    echo ""
                fi
done

g.ask type=new element=cell desc=raster prompt="Enter name for resulting file:"
unixfile=/tmp/$$

eval `cat /tmp/$$`
rm -f /tmp/$$

echo "Resulting map will be named " $name

# now the actual algorithm in awk (stored in a temporary file)
cat > /tmp/$$ << EOF

{
if (NR==1) {
# print file header
  rows = (north-south) / nsres
  cols = (east-west) / ewres
     printf("east:       %d\n",east)
     printf("west:       %d\n",west)
     printf("south:      %d\n",south)
     printf("north:      %d\n",north)
     printf("cols:       %d\n",cols)
     printf("rows:       %d\n",rows)
     cells=rows*cols
     z=1
     }
if (NR==2) {
    pi=3.14159265359
    a2=(az*pi)/180
    dip2=(dip*pi)/180
    tandip=(sin(dip2)/cos(dip2))
    northc=north-(0.5*nsres)
    southc=south+(0.5*nsres)
    eastc=east-(0.5*ewres)
    westc=west+(0.5*ewres)

    for (y=northc; y >= southc; y=y-nsres) {
```

143

```
            for (x=westc; x <= eastc; x=x+ewres) {
                dx=(ea-x)
                dy=(y-no)
                dist = sqrt((dx*dx) + (dy*dy))
                if (dist==0) {
                   new_elev[z]=el
                   }
                else {
                   gamma = atan2((dx/dist),(dy/dist))
                   epsilon=a2-gamma
                   d=dist*cos(epsilon)
                   h=(d*sin(dip2)/cos(dip2))
                   new_elev[z]=el-h
                   z++
                   }
            }
         }
}
if (NR>=2) {
}
}
END {
      for (z=1; z <= cells; z++) {
            printf" %d",new_elev[z]
            }
}

EOF

#execute nawk and remove temporary file

nawk  -f /tmp/$$ east=$e west=$w north=$n south=$s ea=$ea no=$no \
  nsres=$nsres ewres=$ewres   dip=$dip az=$az el=$el /tmp/$$ > $name

rm /tmp/$$

echo "Running r.in.ascii, please stand by"
r.in.ascii i=$name o=$name
rm $name

dat=`date +'%a %b %e %T %Y'`
user=`logname`
cat > $LOCATION/hist/$name << EOF2
$dat
$MAPSET
$name
$user
cell


Generated by plane.sh
At point $ea, $no, elevation $el
dip: $dip degress azimuth: $az degrees ccw from north
EOF2
```

Anhang F: awk-script zur Konvertierung von GRASS-Raster-Layern in Earth-Vision ascii Format

```
{
# define grid resolution
rows=(n-s)/ewres
cols=(e-w)/nsres
  if (NR==1) {
    rc=rows       # initializing counters
    cc=1
      printf"# Type: scattered data\n"
      printf"# Field: 1 x\n"
      printf"# Field: 2 y\n"
      printf"# Field: 3 z\n"
      printf"# Field: 4 column\n"
      printf"# Field: 5 row\n"
      printf"# Projection: Local Rectangular\n"
      printf"# Units: meters\n"
      printf"# End:\n"
      printf"# Information from grid:\n"
      printf"# Grid_description: None\n"
      printf"# Grid_size: %d x %d\n",cols,rows
      printf"# Grid_X_range: %d to %d\n",w,e
      printf"# Grid_Y_range: %d to %d\n",s,n
      printf"# Z_field: z\n"
  }
    printf"%10d %10d %6d %5d %5d\n", $1,$2,$3,cc,rc

    cc++
    if (cc==cols+1) {
      cc=1
      rc--
    }
}
```

Anhang G: awk-script zur Konvertierung von EarthVision-ascii Dateien ins GRASS-Ascii Format

```
{
 if (NR==15) {
     cols_m1 = ($3-1)
     rows_m1 = ($5-1)
     cols    = $3
     rows    = $5
     printf("cols:      %d\n",$3)
     printf("rows:      %d\n",$5)
 }
 if  (NR==16) {
     h_gx_size= (0.5 * ($5-$3)/cols_m1)
     east = $3 - h_g_size
     west = $5 + h_g_size
     printf("east:      %d\n",east)
     printf("west:      %d\n",west)
 }
 if (NR==17) {
     h_gy_size= (0.5 * ($5-$3)/rows_m1)
     south = $3 - h_gy_size
     north = $5 + h_gy_size
     printf("south:     %d\n",south)
     printf("north:     %d\n",north)
 }
 if(nr > 21) {
    for (ycount=rows;1;ycount--)
       for (xcount=1;cols;xcount++)
         i = i++
         z_array[i] = $3
 }

 {
   for (k=1;rows*cols;k++)
     printf("%d\n",z_array[k])
 }

}
```

Anhang H: Datenreihe der synthetischen Station für die Ableitung des Landslide-Index LI (Jahreswerte, T: Temperatur in °C, N: Niederschlag in mm, PET: Potenetielle Evapotranspiration in mm, W: Wasserbilanz in mm).

Jahr	T	N	PET	WB	Jahr	T	N	PET	WB
1896	8.9	477	632	-155	1944	9.6	498	680	-183
1897	9.6	435	667	-233	1945	11.1	560	754	-194
1898	9.8	457	673	-215	1946	9.8	524	684	-161
1899	9.8	476	674	-198	1947	10.0	452	767	-316
1900	9.8	533	676	-143	1948	9.9	505	692	-187
1901	9.5	576	672	-96	1949	10.4	451	727	-276
1902	8.9	433	622	-189	1950	9.7	644	702	-58
1903	9.6	439	663	-224	1951	9.7	554	664	-110
1904	9.8	504	693	-189	1952	9.5	644	686	-42
1905	9.4	466	672	-206	1953	10.1	345	707	-363
1906	9.5	515	665	-150	1954	9.0	537	641	-104
1907	8.6	471	600	-129	1955	8.6	524	618	-94
1908	8.4	523	595	-72	1956	8.0	578	612	-34
1909	8.4	501	585	-84	1957	9.7	538	674	-136
1910	8.9	553	612	-59	1958	9.3	584	648	-64
1911	9.8	441	692	-251	1959	10.0	358	713	-354
1912	8.6	473	601	-128	1960	9.5	595	659	-64
1913	9.2	547	621	-74	1961	9.9	596	678	-82
1914	9.4	650	639	10	1962	8.4	397	604	-207
1915	9.1	459	630	-171	1963	8.0	489	653	-164
1916	9.3	511	629	-118	1964	9.5	429	688	-259
1917	9.0	496	642	-146	1965	8.6	786	601	185
1918	9.2	499	634	-135	1966	9.9	686	689	-2
1919	8.3	505	578	-73	1967	10.0	569	699	-130
1920	9.2	461	644	-182	1968	9.2	684	652	32
1921	9.9	283	693	-410	1969	9.0	522	661	-139
1922	7.9	740	561	179	1970	9.1	580	647	-67
1923	9.1	621	628	-7	1971	9.6	412	682	-270
1924	8.6	578	609	-31	1972	8.7	446	618	-172
1925	9.0	561	630	-69	1973	9.5	388	678	-290
1926	9.5	569	647	-78	1974	10.0	550	674	-125
1927	9.1	554	628	-74	1975	9.8	524	688	-164
1928	9.4	523	645	-122	1976	10.0	352	715	-363
1929	10.3	466	696	-230	1977	9.8	577	668	-91
1930	9.6	570	666	-96	1978	8.9	594	622	-29
1931	8.6	601	620	-19	1979	9.1	609	655	-46
1932	9.2	553	657	-105	1980	9.1	552	636	-84
1933	9.5	417	673	-255	1981	9.4	772	675	97
1934	10.5	411	738	-327	1982	9.9	494	706	-213
1935	9.5	500	671	-171	1983	10.0	482	708	-227
1936	9.5	619	663	-44	1984	9.1	553	626	-74
1937	9.8	416	698	-282	1985	8.7	461	648	-187
1938	9.6	530	670	-141	1986	9.0	582	657	-76
1939	9.7	635	671	-36	1987	8.7	619	633	-14
1940	10.0	607	684	-78	1988	10.2	571	699	-129
1941	9.5	551	658	-107	1989	10.3	577	717	-140
1942	10.5	459	718	-259	1990	10.4	563	720	-157
1943	9.9	441	702	-261					

Anhang I: Unix shell script zur Erzeugung von Eingabedateien für das Colorado Rockfall Simulation Program.

```sh
#!/bin/sh

# This program works only if invoked in GRASS
# purpose: convert output of r.profile to format compatible for
# the Colorado Rockfall Simulation Program (crsp)
# Author: Stefan Jaeger, Mar 1994

if test $# -lt 6
  then
   echo '================================================================'
   echo 'missing arguments'
   echo "required: 6, given: $#"
   echo ' '
   echo 'USAGE of crsp.sh:'
   echo '   crsp.sh mapname east_begin north_begin east_end north_end                mapname2'
   echo '================================================================'
   exit
fi

r.profile m=$1 li=$2,$3,$4,$5 > /tmp/crsp$$

if test $? -gt 0
  then
   rm /tmp/crsp$$
   exit
fi

e1=$2
e2=$4
n1=$3
n2=$5


cat > /tmp/awk$$ << EOF

BEGIN {
  RS=" "
  ff=1       #input for crsp has to be in feet (not any longer)
  point=1
  x[0]=0
  x1=0
  dx=east2-east1
  dy=north2-north1
  lngth = sqrt((dx*dx) + (dy*dy))
}
{
if (NR==1) {
  cells = \$1
  xstep=lngth/(cells-1)
  point2=cells
  }

if (NR>=2 && north1 > north2) {
  x[point] = x[point-1]
  y[point] = \$1
  point++
  x[point-1] = x[point-1]+xstep
  }

if (NR>=2 && north1 <= north2) {
  x[point] = x[point-1]
  y[point2] = \$1
  point++
  point2--
  x[point-1] = x[point-1]+xstep
  }

}

END {
  # the analysis point is set to 1/3 length from top
  printf"%d,%d,%d,%d\n",cells-1,ff*lngth/3,(y[1]+10)*ff,(y[1]+20)*ff
    for (i=0;i<cells-1;i++) {
      printf"%d,SR,Rt,Rn,%d,%d,%d,%d\n",i+1,x[i]*ff,y[i+1]*ff,x[i+1]*ff,y[i+2]*ff
    }
  printf "\"descr\"\n"
  printf "\"M\"\n"

  printf "\n\nStarting point: %d,%d \n",east1,north1
  printf "Ending point:   %d,%d\n",east2,north2
  printf "%d Sections of %d m length, total: %d feet,(%d meters) long\n\n", \
```

```
            cells-1,xstep*ff,lngth*ff,lngth
}
EOF
awk -f /tmp/awk$$ -v east1=$e1 -v north1=$n1 -v east2=$e2 -v north2=$n2 \
        /tmp/crsp$$


r.profile m=$6 li=$2,$3,$4,$5 > /tmp/crsp$$2

cat > /tmp/awk$$2 << EOF
BEGIN {
  RS=" "

  printf"*****  values of talus map along profile  *******\n"

  ff=1      #input for crsp has to be in feet
  point=1
  x[0]=0
  x1=0
  dx=east2-east1
  dy=north2-north1
  lngth = sqrt((dx*dx) + (dy*dy))
  # calculate angle of the profile
  }
{
if (NR==1) {
  cells = \$1
  xstep=lngth/(cells-1)

       # number of 10 m segments
  n_ten_ft = lngth / 10
       # sx_lngth: projected length of 10ft segment in x (calculated in m)
  sx_lngth = dx/n_ten_ft
       # sy_lngth projected length of 10ft segemtn in y (calculated in m)
  sy_lngth = dy/n_ten_ft
  point2=cells
  }

if (NR>=2 && north1 > north2) {
  x[point] = x[point-1]
  y[point] = \$1
  point++
  x[point-1] = x[point-1]+xstep
  }

if (NR>=2 && north1 <= north2) {
  x[point] = x[point-1]
  y[point2] = \$1
  point++
  point2--
  x[point-1] = x[point-1]+xstep
  }


}

END {
   # the analysis point is set to 1/3 length from top
   printf"%d,%d,%d,%d\n",cells-1,ff*lngth/3,(y[1]+10)*ff,(y[1]+20)*ff
    for (i=0;i<cells-1;i++) {
     printf"%d,SR,Rt,Rn,%d,%d,%d,%d\n",i+1,x[i]*ff,y[i+1]*ff,x[i+1]*ff,y[i+2]*ff
     }
   printf "\n\nStarting point: %d,%d \n",east1,north1
   printf "Ending point:   %d,%d\n",east2,north2
   printf "%d Sections of %d ft length, total: %d feet,(%d meters) long\n\n", \
            cells-1,xstep*ff,lngth*ff,lngth

    for (i=0;i<=n_ten_ft;i++) {
      printf"%d|%d|#\n",((east1)+(i*sx_lngth)+(0.5*sx_lngth)), \
                       ((north1)+(i*sy_lngth)+(0.5*sy_lngth))
    }
 }
EOF
awk -f /tmp/awk$$2 -v east1=$e1 -v north1=$n1 -v east2=$e2 -v north2=$n2 \
        /tmp/crsp$$2


rm /tmp/crsp$$* /tmp/awk$$*
```

Anhang J: Ausgabe des Colorado Rockfall Simulation Program (p bezeichnet den Prozentanteil, der Gesteinsfragmente, die bis über den betreffenden Punkt hinaus transportiert werden).

```
Profil 1
   x        y       p
272188 | 4179720 | #100        271915 | 4179887 | #100
272180 | 4179725 | #100        271907 | 4179892 | #100
272171 | 4179731 | #100        271898 | 4179897 | #100
272163 | 4179736 | #100        271890 | 4179903 | #100
272154 | 4179741 | #100        271881 | 4179908 | #100
272146 | 4179746 | #100        271873 | 4179913 | #100
272137 | 4179751 | #100        271864 | 4179918 | #100
272129 | 4179757 | #100        271855 | 4179924 | #100
272120 | 4179762 | #100        271847 | 4179929 | #100
272111 | 4179767 | #100        271838 | 4179934 | #100
272103 | 4179772 | #100        271830 | 4179939 | #100
272094 | 4179777 | #100        271821 | 4179944 | #99
272086 | 4179783 | #100        271813 | 4179950 | #98
272077 | 4179788 | #100        271804 | 4179955 | #98
272069 | 4179793 | #100        271796 | 4179960 | #87
272060 | 4179798 | #100        271787 | 4179965 | #73
272052 | 4179804 | #100        271779 | 4179970 | #64
272043 | 4179809 | #100        271770 | 4179976 | #59
272035 | 4179814 | #100        271762 | 4179981 | #59
272026 | 4179819 | #100        271753 | 4179986 | #59
272018 | 4179824 | #100        271745 | 4179991 | #59
272009 | 4179830 | #100        271736 | 4179997 | #59
272001 | 4179835 | #100        271728 | 4180002 | #59
271992 | 4179840 | #100        271719 | 4180007 | #59
271983 | 4179845 | #100        271710 | 4180012 | #59
271975 | 4179851 | #100        271702 | 4180017 | #59
271966 | 4179856 | #100        271693 | 4180023 | #59
271958 | 4179861 | #100        271685 | 4180028 | #47
271949 | 4179866 | #100        271676 | 4180033 | #36
271941 | 4179871 | #100        271668 | 4180038 | #27
271932 | 4179877 | #100        271659 | 4180044 | #22
271924 | 4179882 | #100        271651 | 4180049 | #21

Profil 2
   x        y       p
272186 | 4179663 | #100        271928 | 4179982 | #100
272180 | 4179671 | #100        271922 | 4179990 | #100
272174 | 4179679 | #100        271916 | 4179998 | #100
272167 | 4179687 | #100        271910 | 4180005 | #100
272161 | 4179694 | #100        271903 | 4180013 | #99
272155 | 4179702 | #100        271897 | 4180021 | #99
272149 | 4179710 | #100        271891 | 4180029 | #99
272142 | 4179718 | #100        271884 | 4180036 | #99
272136 | 4179726 | #100        271878 | 4180044 | #99
272130 | 4179733 | #100        271872 | 4180052 | #96
272123 | 4179741 | #100        271865 | 4180060 | #84
272117 | 4179749 | #100        271859 | 4180068 | #75
272111 | 4179757 | #100        271853 | 4180075 | #60
272105 | 4179764 | #100        271847 | 4180083 | #32
272098 | 4179772 | #100        271840 | 4180091 | #17
272092 | 4179780 | #100        271834 | 4180099 | #8
272086 | 4179788 | #100        271828 | 4180106 | #7
272079 | 4179796 | #100        271821 | 4180114 | #4
272073 | 4179803 | #100        271815 | 4180122 | #0
272067 | 4179811 | #100        271809 | 4180130 | #0
272061 | 4179819 | #100        271803 | 4180138 | #0
272054 | 4179827 | #100        271796 | 4180145 | #0
272048 | 4179834 | #100        271790 | 4180153 | #0
272042 | 4179842 | #100        271784 | 4180161 | #0
272035 | 4179850 | #100        271777 | 4180169 | #0
272029 | 4179858 | #100        271771 | 4180176 | #0
272023 | 4179865 | #100        271765 | 4180184 | #0
272016 | 4179873 | #100        271758 | 4180192 | #0
272010 | 4179881 | #100        271752 | 4180200 | #0
272004 | 4179889 | #100        271746 | 4180207 | #0
271998 | 4179897 | #100        271740 | 4180215 | #0
271991 | 4179904 | #100        271733 | 4180223 | #0
271985 | 4179912 | #100        271727 | 4180231 | #0
271979 | 4179920 | #100        271721 | 4180239 | #0
271972 | 4179928 | #100        271714 | 4180246 | #0
271966 | 4179935 | #100        271708 | 4180254 | #0
271960 | 4179943 | #100        271702 | 4180262 | #0
271954 | 4179951 | #100        271696 | 4180270 | #0
271947 | 4179959 | #100        271689 | 4180277 | #0
271941 | 4179967 | #100        271683 | 4180285 | #0
271935 | 4179974 | #100        271677 | 4180293 | #0
```

Profil 3

x	y	p
272188	4179634	#100
272184	4179644	#100
272181	4179653	#100
272178	4179662	#100
272174	4179672	#100
272171	4179681	#100
272167	4179691	#100
272164	4179700	#100
272161	4179709	#100
272157	4179719	#100
272154	4179728	#100
272151	4179738	#100
272147	4179747	#100
272144	4179757	#100
272140	4179766	#100
272137	4179775	#100
272134	4179785	#100
272130	4179794	#100
272127	4179804	#100
272123	4179813	#100
272120	4179822	#100
272117	4179832	#100
272113	4179841	#100
272110	4179851	#100
272107	4179860	#100
272103	4179869	#100
272100	4179879	#100
272096	4179888	#100
272093	4179898	#100
272090	4179907	#100
272086	4179916	#100
272083	4179926	#100
272079	4179935	#100
272076	4179945	#100
272073	4179954	#100
272069	4179964	#100
272066	4179973	#100
272062	4179982	#100
272059	4179992	#100
272056	4180001	#100
272052	4180011	#100
272049	4180020	#100
272046	4180029	#100
272042	4180039	#100
272039	4180048	#100
272035	4180058	#100
272032	4180067	#98
272029	4180076	#97
272025	4180086	#93
272022	4180095	#79
272018	4180105	#66
272015	4180114	#64
272012	4180123	#64
272008	4180133	#64
272005	4180142	#60
272002	4180152	#50
271998	4180161	#42
271995	4180171	#38
271991	4180180	#34
271988	4180189	#30
271985	4180199	#27
271981	4180208	#21
271978	4180218	#16
271974	4180227	#12
271971	4180236	#9
271968	4180246	#7
271964	4180255	#7
271961	4180265	#4
271957	4180274	#1
271954	4180283	#1
271951	4180293	#1
271947	4180302	#0
271944	4180312	#0
271941	4180321	#0
271937	4180330	#0
271934	4180340	#0
271930	4180349	#0
271927	4180359	#0
271924	4180368	#0
271920	4180378	#0

HEIDELBERGER GEOGRAPHISCHE ARBEITEN*

Heft 1   Felix Monheim: Beiträge zur Klimatologie und Hydrologie des Titicacabeckens. 1956. 152 Seiten, 38 Tabellen, 13 Figuren, 3 Karten im Text, 1 Karte im Anhang.
DM 12,--

Heft 4   Don E. Totten: Erdöl in Saudi-Arabien. 1959. 174 Seiten, 1 Tabelle, 11 Abbildungen, 16 Figuren.
DM 15,--

Heft 5   Felix Monheim: Die Agrargeographie des Neckarschwemmkegels. 1961. 118 Seiten, 50 Tabellen, 11 Abbildungen, 7 Figuren, 3 Karten.
DM 22,80

Heft 8   Franz Tichy: Die Wälder der Basilicata und die Entwaldung im 19. Jahrhundert. 1962. 175 Seiten, 15 Tabellen, 19 Figuren, 16 Abbildungen, 3 Karten.
DM 29,80

Heft 9   Hans Graul: Geomorphologische Studien zum Jungquartär des nördlichen Alpenvorlandes. Teil I: Das Schweizer Mittelland. 1962. 104 Seiten, 6 Figuren, 6 Falttafeln.
DM 24,80

Heft 10   Wendelin Klaer: Eine Landnutzungskarte von Libanon. 1962. 56 Seiten, 7 Figuren, 23 Abbildungen, 1 farbige Karte.
DM 20,20

Heft 11   Wendelin Klaer: Untersuchungen zur klimagenetischen Geomorphologie in den Hochgebirgen Vorderasiens. 1963. 135 Seiten, 11 Figuren, 51 Abbildungen, 4 Karten.
DM 30,70

Heft 12   Erdmann Gormsen: Barquisimeto, eine Handelsstadt in Venezuela. 1963. 143 Seiten, 26 Tabellen, 16 Abbildungen, 11 Karten.
DM 32,--

Heft 17   Hanna Bremer: Zur Morphologie von Zentralaustralien. 1967. 224 Seiten, 6 Karten, 21 Figuren, 48 Abbildungen.
DM 28,--

Heft 18   Gisbert Glaser: Der Sonderkulturanbau zu beiden Seiten des nördlichen Oberrheins zwischen Karlsruhe und Worms. Eine agrargeographische Untersuchung unter besonderer Berücksichtigung des Standortproblems. 1967. 302 Seiten, 116 Tabellen, 12 Karten.
DM 20,80

Heft 23   Gerd R. Zimmermann: Die bäuerliche Kulturlandschaft in Südgalicien. Beitrag zur Geographie eines Übergangsgebietes auf der Iberischen Halbinsel. 1969. 224 Seiten, 20 Karten, 19 Tabellen, 8 Abbildungen.
DM 21,--

Heft 24   Fritz Fezer: Tiefenverwitterung circumalpiner Pleistozänschotter. 1969. 144 Seiten, 90 Figuren, 4 Abbildungen, 1 Tabelle.
DM 16,--

Heft 25   Naji Abbas Ahmad: Die ländlichen Lebensformen und die Agrarentwicklung in Tripolitanien. 1969. 304 Seiten, 10 Karten, 5 Abbildungen.
DM 20,--

Heft 26   Ute Braun: Der Felsberg im Odenwald. Eine geomorphologische Monographie. 1969. 176 Seiten, 3 Karten, 14 Figuren, 4 Tabellen, 9 Abbildungen.
DM 15,--

Heft 27   Ernst Löffler: Untersuchungen zum eiszeitlichen und rezenten klimagenetischen Formenschatz in den Gebirgen Nordostanatoliens. 1970. 162 Seiten, 10 Figuren, 57 Abbildungen.
DM 19,80

Heft 29   Wilfried Heller: Der Fremdenverkehr im Salzkammergut - eine Studie aus geographischer Sicht. 1970. 224 Seiten, 15 Karten, 34 Tabellen.
DM 32,--

Heft 30   Horst Eichler: Das präwürmzeitliche Pleistozän zwischen Riss und oberer Rottum. Ein Beitrag zur Stratigraphie des nordöstlichen Rheingletschergebietes. 1970. 144 Seiten, 5 Karten, 2 Profile, 10 Figuren, 4 Tabellen, 4 Abbildungen.
DM 14,--

---

*Nicht aufgeführte Hefte sind vergriffen.

Heft 31	Dietrich M. Zimmer: Die Industrialisierung der Bluegrass Region von Kentucky. 1970. 196 Seiten, 16 Karten, 5 Figuren, 45 Tabellen, 11 Abbildungen. *DM 21,50*
Heft 33	Jürgen Blenck: Die Insel Reichenau. Eine agrargeographische Untersuchung. 1971. 248 Seiten, 32 Diagramme, 22 Karten, 13 Abbildungen, 90 Tabellen. *DM 52,--*
Heft 35	Brigitte Grohmann-Kerouach: Der Siedlungsraum der Ait Ouriaghel im östlichen Rif. 1971. 226 Seiten, 32 Karten, 16 Figuren, 17 Abbildungen. *DM 20,40*
Heft 37	Peter Sinn: Zur Stratigraphie und Paläogeographie des Präwürm im mittleren und südlichen Illergletscher-Vorland. 1972. 159 Seiten, 5 Karten, 21 Figuren, 13 Abbildungen, 12 Längsprofile, 11 Tabellen. *DM 22,--*
Heft 38	Sammlung quartärmorphologischer Studien I. Mit Beiträgen von K. Metzger, U. Herrmann, U. Kuhne, P. Imschweiler, H.-G. Prowald, M. Jauß †, P. Sinn, H.-J. Spitzner, D. Hiersemann, A. Zienert, R. Weinhardt, M. Geiger, H. Graul und H. Völk. 1973. 286 Seiten, 13 Karten, 39 Figuren, 3 Skizzen, 31 Tabellen, 16 Abbildungen. *DM 31,--*
Heft 39	Udo Kuhne: Zur Stratifizierung und Gliederung quartärer Akkumulationen aus dem Bièvre-Valloire, einschließlich der Schotterkörper zwischen St.-Rambert-d'Albon und der Enge von Vienne. 1974. 94 Seiten, 11 Karten, 2 Profile, 6 Abbildungen, 15 Figuren, 5 Tabellen. *DM 24,--*
Heft 42	Werner Fricke, Anneliese Illner und Marianne Fricke: Schrifttum zur Regionalplanung und Raumstruktur des Oberrheingebietes. 1974. 93 Seiten. *DM 10,--*
Heft 43	Horst Georg Reinhold: Citruswirtschaft in Israel. 1975. 307 Seiten, 7 Karten, 7 Figuren, 8 Abbildungen, 25 Tabellen. *DM 30,--*
Heft 44	Jürgen Strassel: Semiotische Aspekte der geographischen Erklärung. Gedanken zur Fixierung eines metatheoretischen Problems in der Geographie. 1975. 244 Seiten. *DM 30,-*
Heft 45	Manfred Löscher: Die präwürmzeitlichen Schotterablagerungen in der nördlichen Iller-Lech-Platte. 1976. 157 Seiten, 4 Karten, 11 Längs- und Querprofile, 26 Figuren, 8 Abbildungen, 3 Tabellen. *DM 30,--*
Heft 49	Sammlung quartärmorphologischer Studien II. Mit Beiträgen von W. Essig, H. Graul, W. König, M. Löscher, K. Rögner, L. Scheuenpflug, A. Zienert u.a. 1979. 226 Seiten. *DM 35,--*
Heft 51	Frank Ammann: Analyse der Nachfrageseite der motorisierten Naherholung im Rhein-Neckar-Raum. 1978. 163 Seiten, 22 Karten, 6 Abbildungen, 5 Figuren, 46 Tabellen. *DM 31,--*
Heft 52	Werner Fricke: Cattle Husbandry in Nigeria. A study of its ecological conditions and social-geographical differentiations. 1993. Second Edition (Reprint with Subject Index). 344 S., 33 Maps, 20 Figures, 52 Tables, 47 Plates. *DM 42,--*
Heft 55	Hans-Jürgen Speichert: Gras-Ellenbach, Hammelbach, Litzelbach, Scharbach, Wahlen. Die Entwicklung ausgewählter Fremdenverkehrsorte im Odenwald. 1979. 184 Seiten, 8 Karten, 97 Tabellen. *DM 31,--*
Heft 58	Hellmut R. Völk: Quartäre Reliefentwicklung in Südostspanien. Eine stratigraphische, sedimentologische und bodenkundliche Studie zur klimamorphologischen Entwicklung des mediterranen Quartärs im Becken von Vera. 1979. 143 Seiten, 1 Karte, 11 Figuren, 11 Tabellen, 28 Abbildungen. *DM 28,--*
Heft 59	Christa Mahn: Periodische Märkte und zentrale Orte - Raumstrukturen und Verflechtungsbereiche in Nord-Ghana. 1980. 197 Seiten, 20 Karten, 22 Figuren, 50 Tabellen. *DM 28,--*

Heft 60 Wolfgang Herden: Die rezente Bevölkerungs- und Bausubstanzentwicklung des westlichen Rhein-Neckar-Raumes. Eine quantitative und qualitative Analyse. 1983. 229 Seiten, 27 Karten, 43 Figuren, 34 Tabellen. *DM 39,--*

Heft 62 Grudrun Schultz: Die nördliche Ortenau. Bevölkerung, Wirtschaft und Siedlung unter dem Einfluß der Industrialisierung in Baden. 1982. 350 Seiten, 96 Tabellen, 12 Figuren, 43 Karten. *DM 35,--*

Heft 64 Jochen Schröder: Veränderungen in der Agrar- und Sozialstruktur im mittleren Nordengland seit dem Landwirtschaftsgesetz von 1947. Ein Beitrag zur regionalen Agrargeographie Großbritanniens, dargestellt anhand eines W-E-Profils von der Irischen See zur Nordsee. 1983. 206 Seiten, 14 Karten, 9 Figuren, 21 Abbildungen, 39 Tabellen. *DM 36,--*

Heft 65 Otto Fränzle et al.: Legendenentwurf für die geomorphologische Karte 1:100.000 (GMK 100). 1979. 18 Seiten. *DM 3,--*

Heft 66 Dietrich Barsch und Wolfgang-Albert Flügel (Hrsg.): Niederschlag, Grundwasser, Abfluß. Ergebnisse aus dem hydrologisch-geomorphologischen Versuchsgebiet "Hollmuth". Mit Beiträgen von D. Barsch, R. Dikau, W.-A. Flügel, M. Friedrich, J. Schaar, A. Schorb, O. Schwarz und H. Wimmer. 1988. 275 Seiten, 42 Tabellen, 106 Abbildungen. *DM 47,--*

Heft 68 Robert König: Die Wohnflächenbestände der Gemeinden der Vorderpfalz. Bestandsaufnahme, Typisierung und zeitliche Begrenzung der Flächenverfügbarkeit raumfordernder Wohnfunktionsprozesse. 1980. 226 Seiten, 46 Karten, 16 Figuren, 17 Tabellen, 7 Tafeln. *DM 32,--*

Heft 69 Dietrich Barsch und Lorenz King (Hrsg.): Ergebnisse der Heidelberg-Ellesmere Island-Expedition. Mit Beiträgen von D. Barsch, H. Eichler, W.-A. Flügel, G. Hell, L. King, R. Mäusbacher und H.R. Völk. 1981. 573 Seiten, 203 Abbildungen, 92 Tabellen, 2 Karten als Beilage. *DM 70,--*

Heft 71 Stand der grenzüberschreitenden Raumordnung am Oberrhein. Kolloquium zwischen Politikern, Wissenschaftlern und Praktikern über Sach- und Organisationsprobleme bei der Einrichtung einer grenzüberschreitenden Raumordnung im Oberrheingebiet und Fallstudie: Straßburg und Kehl. 1981. 116 Seiten, 13 Abbildungen. *DM 15,--*

Heft 72 Adolf Zienert: Die witterungsklimatische Gliederung der Kontinente und Ozeane. 1981. 20 Seiten, 3 Abbildungen; mit farbiger Karte 1:50 Mill. *DM 12,--*

Heft 73 American-German International Seminar. Geography and Regional Policy: Resource Management by Complex Political Systems. Editors: John S. Adams, Werner Fricke and Wolfgang Herden. 1983. 387 Pages, 23 Maps, 47 Figures, 45 Tables. *DM 50,--*

Heft 74 Ulrich Wagner: Tauberbischofsheim und Bad Mergentheim. Eine Analyse der Raumbeziehungen zweier Städte in der frühen Neuzeit. 1985. 326 Seiten, 43 Karten, 11 Abbildungen, 19 Tabellen. *DM 58,--*

Heft 75 Kurt Hiehle-Festschrift. Mit Beiträgen von U. Gerdes, K. Goppold, E. Gormsen, U. Henrich, W. Lehmann, K. Lüll, R. Möhn, C. Niemeitz, D. Schmidt-Vogt, M. Schumacher und H.-J. Weiland. 1982. 256 Seiten, 37 Karten, 51 Figuren, 32 Tabellen, 4 Abbildungen. *DM 25,--*

Heft 76 Lorenz King: Permafrost in Skandinavien - Untersuchungsergebnisse aus Lappland, Jotunheimen und Dovre/Rondane. 1984. 174 Seiten, 72 Abbildungen, 24 Tabellen. *DM 38,--*

Heft 77   Ulrike Sailer: Untersuchungen zur Bedeutung der Flurbereinigung für agrarstrukturelle Veränderungen - dargestellt am Beispiel des Kraichgaus. 1984. 308 Seiten, 36 Karten, 58 Figuren, 116 Tabellen. *DM 44,--*

Heft 78   Klaus-Dieter Roos: Die Zusammenhänge zwischen Bausubstanz und Bevölkerungsstruktur - dargestellt am Beispiel der südwestdeutschen Städte Eppingen und Mosbach. 1985. 154 Seiten, 27 Figuren, 48 Tabellen, 6 Abbildungen, 11 Karten.
DM 29,--

Heft 79   Klaus Peter Wiesner: Programme zur Erfassung von Landschaftsdaten, eine Bodenerosionsgleichung und ein Modell der Kaltluftentstehung. 1986. 83 Seiten, 23 Abbildungen, 20 Tabellen, 1 Karte. *DM 26,--*

Heft 80   Achim Schorb: Untersuchungen zum Einfluß von Straßen auf Boden, Grund- und Oberflächenwässer am Beispiel eines Testgebietes im Kleinen Odenwald. 1988. 193 Seiten, 1 Karte, 176 Abbildungen, 60 Tabellen. *DM 37,--*

Heft 81   Richard Dikau: Experimentelle Untersuchungen zu Oberflächenabfluß und Bodenabtrag von Meßparzellen und landwirtschaftlichen Nutzflächen. 1986. 195 Seiten, 70 Abbildungen, 50 Tabellen. *DM 38,--*

Heft 82   Cornelia Niemeitz: Die Rolle des PKW im beruflichen Pendelverkehr in der Randzone des Verdichtungsraumes Rhein-Neckar. 1986. 203 Seiten, 13 Karten, 65 Figuren, 43 Tabellen. *DM 34,--*

Heft 83   Werner Fricke und Erhard Hinz (Hrsg.): Räumliche Persistenz und Diffusion von Krankheiten. Vorträge des 5. geomedizinischen Symposiums in Reisenburg, 1984, und der Sitzung des Arbeitskreises Medizinische Geographie/Geomedizin in Berlin, 1985. 1987. 279 Seiten, 42 Abbildungen, 9 Figuren, 19 Tabellen, 13 Karten.
DM 58,--

Heft 84   Martin Karsten: Eine Analyse der phänologischen Methode in der Stadtklimatologie am Beispiel der Kartierung Mannheims. 1986. 136 Seiten, 19 Tabellen, 27 Figuren, 5 Abbildungen, 19 Karten. *DM 30,--*

Heft 85   Reinhard Henkel und Wolfgang Herden (Hrsg.): Stadtforschung und Regionalplanung in Industrie- und Entwicklungsländern. Vorträge des Festkolloquiums zum 60. Geburtstag von Werner Fricke. 1989. 89 Seiten, 34 Abbildungen, 5 Tabellen.
DM 18,--

Heft 86   Jürgen Schaar: Untersuchungen zum Wasserhaushalt kleiner Einzugsgebiete im Elsenztal/Kraichgau. 1989. 169 Seiten, 48 Abbildungen, 29 Tabellen. *DM 32,--*

Heft 87   Jürgen Schmude: Die Feminisierung des Lehrberufs an öffentlichen, allgemeinbildenden Schulen in Baden-Württemberg, eine raum-zeitliche Analyse. 1988. 159 Seiten, 10 Abbildungen, 13 Karten, 46 Tabellen. *DM 30,--*

Heft 88   Peter Meusburger und Jürgen Schmude (Hrsg.): Bildungsgeographische Studien über Baden-Württemberg. Mit Beiträgen von M. Becht, J. Grabitz, A. Hüttermann, S. Köstlin, C. Kramer, P. Meusburger, S. Quick, J. Schmude und M. Votteler. 1990. 291 Seiten, 61 Abbildungen, 54 Tabellen. *DM 38,--*

Heft 89   Roland Mäusbacher: Die jungquartäre Relief- und Klimageschichte im Bereich der Fildeshalbinsel Süd-Shetland-Inseln, Antarktis. 1991. 207 Seiten, 87 Abbildungen, 9 Tabellen. *DM 48,--*

Heft 90   Dario Trombotto: Untersuchungen zum periglazialen Formenschatz und zu periglazialen Sedimenten in der "Lagunita del Plata", Mendoza, Argentinien. 1991. 171 Seiten, 42 Abbildungen, 24 Photos, 18 Tabellen und 76 Photos im Anhang.
DM 34,--

Heft 91   Matthias Achen: Untersuchungen über Nutzungsmöglichkeiten von Satellitenbilddaten für eine ökologisch orientierte Stadtplanung am Beispiel Heidelberg. 1993. 195 Seiten, 43 Abbildungen, 20 Tabellen, 16 Fotos. *DM 38,--*

Heft 92   Jürgen Schweikart: Räumliche und soziale Faktoren bei der Annahme von Impfungen in der Nord-West Provinz Kameruns. Ein Beitrag zur Medizinischen Geographie in Entwicklungsländern. 1992. 134 Seiten, 7 Karten, 27 Abbildungen, 33 Tabellen. *DM 26,--*

Heft 93   Caroline Kramer: Die Entwicklung des Standortnetzes von Grundschulen im ländlichen Raum. Vorarlberg und Baden-Württemberg im Vergleich. 1993. 263 Seiten, 50 Karten, 34 Abbildungen, 28 Tabellen. *DM 40,--*

Heft 94   Lothar Schrott: Die Solarstrahlung als steuernder Faktor im Geosystem der subtropischen semiariden Hochanden (Agua Negra, San Juan, Argentinien). 1994. 199 Seiten, 83 Abbildungen, 16 Tabellen. *DM 31,--*

Heft 95   Jussi Baade: Geländeexperiment zur Verminderung des Schwebstoffaufkommens in landwirtschaftlichen Einzugsgebieten. 1994. 215 Seiten, 56 Abbildungen, 60 Tabellen. *DM 28,--*

Heft 96   Peter Hupfer: Der Energiehaushalt Heidelbergs unter besonderer Berücksichtigung der städtischen Wärmeinselstruktur. 1994. 213 Seiten, 36 Karten, 54 Abbildungen, 15 Tabellen. *DM 32,--*

Heft 97   Werner Fricke und Ulrike Sailer-Fliege (Hrsg.): Untersuchungen zum Einzelhandel in Heidelberg. Mit Beiträgen von M. Achen, W. Fricke, J. Hahn, W. Kiehn, U. Sailer-Fliege, A. Scholle und J. Schweikart. 1995. 139 Seiten. *DM 25,--*

Heft 98   Achim Schulte: Hochwasserabfluß, Sedimenttransport und Gerinnebettgestaltung an der Elsenz im Kraichgau. 1995. 202 Seiten, 68 Abbildungen, 6 Tabellen, 6 Fotos. *DM 32,--*

Heft 99   Stefan Werner Kienzle: Untersuchungen zur Flußversalzung im Einzugsgebiet des Breede Flusses, Westliche Kapprovinz, Republik Südafrika. 1995. 139 Seiten, 55 Abbildungen, 28 Tabellen. *DM 25,--*

Heft 100   Dietrich Barsch, Werner Fricke und Peter Meusburger (Hrsg.): 100 Jahre Geographie an der Ruprecht-Karls-Universität Heidelberg (1895-1995). 1996. *DM 36,--*

Heft 101   Clemens Weick: Räumliche Mobilität und Karriere. Eine individualstatistische Analyse der baden-württembergischen Universitätsprofessoren unter besonderer Berücksichtigung demographischer Strukturen. 1995. 284 Seiten, 28 Karten, 47 Abbildungen und 23 Tabellen. *DM 34,--*

Heft 102   Werner D. Spang: Die Eignung von Regenwürmern (Lumbricidae), Schnecken (Gastropoda) und Laufkäfern (Carabidae) als Indikatoren für auentypische Standortbedingungen. Eine Untersuchung im Oberrheintal. 1996. 236 Seiten, 16 Karten, 55 Abbildungen und 132 Tabellen. *DM 38,--*

Heft 103   Andreas Lang: Die Infrarot-Stimulierte-Lumineszenz als Datierungsmethode für holozäne Lössderivate. Ein Beitrag zur Chronometrie kolluvialer, alluvialer und limnischer Sedimente in Südwestdeutschland. 1996. 137 Seiten, 39 Abbildungen und 21 Tabellen. *DM 25,--*

Heft 104   Roland Mäusbacher und Achim Schulte (Hrsg.): Beiträge zur Physiogeographie. Festschrift für Dietrich Barsch. 1996. 542 Seiten. *DM 50,--*

Heft 105   Michaela Braun: Subsistenzsicherung und Marktpartizipation. Eine agrargeographische Untersuchung zu kleinbäuerlichen Produktionsstrategien in der Province de la Comoé, Burkina Faso. 1996. 234 Seiten, 16 Karten, 6 Abbildungen und 27 Tabellen. *DM 32,--*

Heft 106 Martin Litterst: Hochauflösende Emissionskataster und winterliche SO_2-Immissionen: Fallstudien zur Luftverunreinigung in Heidelberg. 1996. 171 Seiten, 29 Karten, 56 Abbildungen und 57 Tabellen. *DM 32,--*

Heft 107 Eckart Würzner: Vergleichende Fallstudie über potentielle Einflüsse atmosphärischer Umweltnoxen auf die Mortalität in Agglomerationen. 1997. 256 Seiten, 32 Karten, 17 Abbildungen und 52 Tabellen. *DM 30,--*

Heft 108 Stefan Jäger: Fallstudien von Massenbewegungen als geomorphologische Naturgefahr. Rheinhessen, Tully Valley (New York State), Yosemite Valley (Kalifornien). 1997. 176 Seiten, 53 Abbildungen und 26 Tabellen. *DM 29,--*

HEIDELBERGER GEOGRAPHISCHE BAUSTEINE*

Heft 1 D. Barsch, R. Dikau, W. Schuster: Heidelberger Geomorphologisches Programmsystem. 1986. 60 Seiten. *DM 9,--*

Heft 7 J. Schweikart, J. Schmude, G. Olbrich, U. Berger: Graphische Datenverarbeitung mit SAS/GRAPH - Eine Einführung. 1989. 76 Seiten. *DM 8,--*

Heft 8 P. Hupfer: Rasterkarten mit SAS. Möglichkeiten zur Rasterdarstellung mit SAS/GRAPH unter Verwendung der SAS-Macro-Facility. 1990. 72 Seiten. *DM 8,--*

Heft 9 M. Fasbender: Computergestützte Erstellung von komplexen Choroplethenkarten, Isolinienkarten und Gradnetzentwürfen mit dem Programmsystem SAS/GRAPH. 1991. 135 Seiten. *DM 15,--*

Heft 10 J. Schmude, I. Keck, F. Schindelbeck, C. Weick: Computergestützte Datenverarbeitung - Eine Einführung in die Programme KEDIT, WORD, SAS und LARS. 1992. 96 Seiten. *DM 15,--*

Heft 11 J. Schmude und M. Hoyler: Computerkartographie am PC: Digitalisierung graphischer Vorlagen und interaktive Kartenerstellung mit DIGI90 und MERCATOR. 1992. 80 Seiten. *DM 14,--*

Heft 12 W. Mikus (Hrsg.): Umwelt und Tourismus. Analysen und Maßnahmen zu einer nachhaltigen Entwicklung am Beispiel von Tegernsee. 1994. 122 Seiten. *DM 20,--*

Heft 13 A. Zipf: Einführung in GIS und ARC/INFO. 1996. 116 Seiten. *Vergriffen Nachauflage in Vorbereitung*

Heft 14 W. Mikus (Hrsg.): Gewerbe und Umwelt. Determinanten, Probleme und Maßnahmen in den neuen Bundesländern am Beispiel von Döbeln / Sachesn. 1997. 86 Seiten. *DM 15,--*

Heft 15 Michael Hoyler, T. Freytag und R. Baumhoff: Literaturdatenbank Regionale Bildungsforschung: Konzeption, Datenbankstrukturen in ACCESS und Einführung in die Recherche. Mit einem Verzeichnis ausgewählter Institutionen der Bildungsforschung und weiterer Recherchehinweisen. 1997. 70 Seiten. *DM 12,--*

Bestellungen an:

Selbstverlag des Geographischen Instituts
Universität Heidelberg
Im Neuenheimer Feld 348
D-69120 Heidelberg
Fax: 06221/544996

---

*Nicht aufgeführte Hefte sind vergriffen.

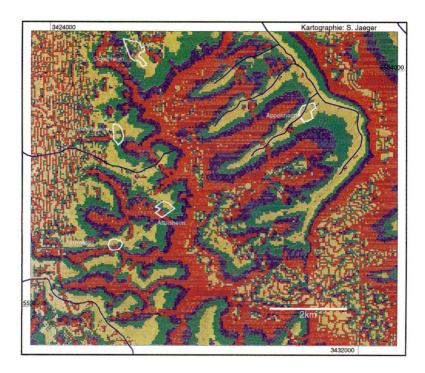

Abb. 19: Ausschnitt aus der Karte der Hangposition.
Rot steht für Oberhang, Blau für Oberer Mittelhang,
Grün für Unterer Mittelhang und Gelb für Unterhang

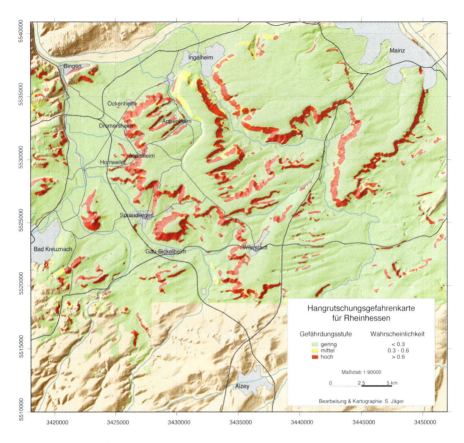

Abb. 20: Nach dem Modell 6 erstellte Gefahrenkarte

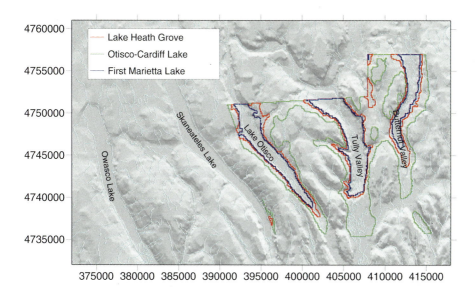

Abb. 38: Theoretische Strandlinien der drei Seeniveaus, dargestellt auf einer automatisch geschummerten Reliefdarstellung